今日から
モノ知り
シリーズ

トコトンやさしい

# ボイラーの本

ボイラーは石油やガスなどの燃料を燃焼させ、その燃焼で得た熱を水に伝えて蒸気や温水に換える機器です。工場の生産ラインやオフィスビル、デパート、病院、ホテル、火力発電所、船舶など、さらに蒸気機関車の動力源として私たちの周りには数多くのボイラーが活躍しています。

一般社団法人 日本ボイラ協会 監修
安田克彦・指宿宏文 著

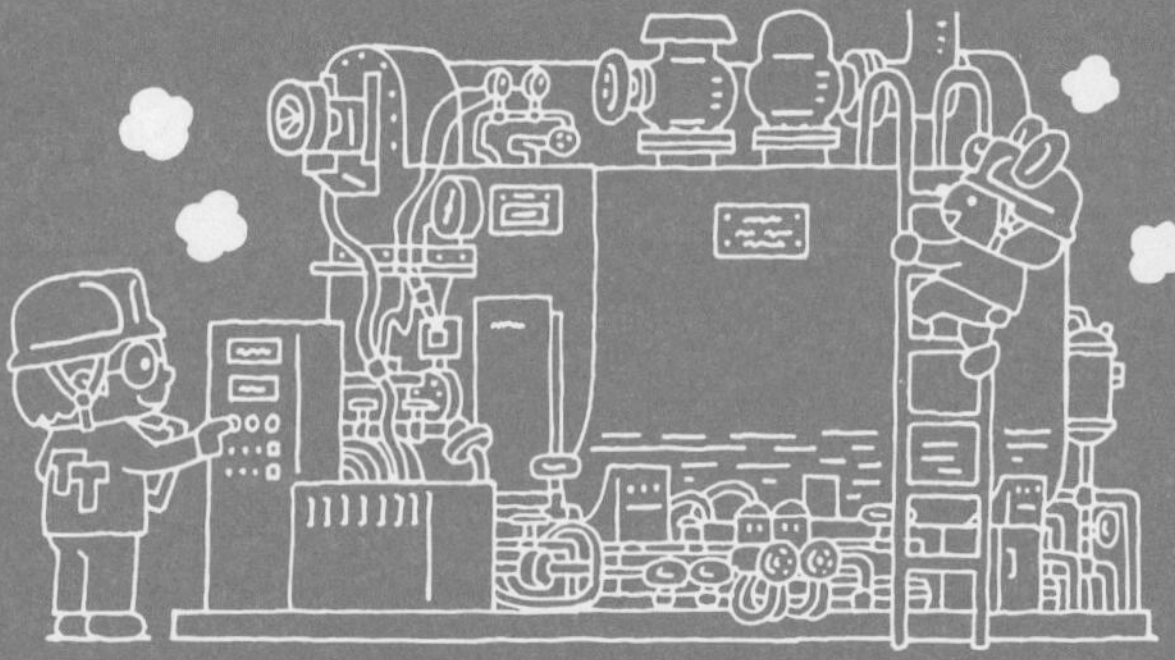

B&Tブックス
日刊工業新聞社

# はじめに

ボイラーは、石炭や石油、ガスなどの燃料を燃やし、それによって得られたエネルギーで密閉された容器の中に入れた水などを加熱して作り出した蒸気や温水を他の設備や機器へ供給する装置です。こうしたボイラーの技術は、産業革命以後のものづくりにおいて、機械を動かす動力源として活用され、直接的にも間接的にも人の生活を豊かにしてきました。また、その利用方法は、それぞれの時代の要求に応じ変化してきましたが、近年も現代生活に欠かせない電気の発電やプラスチック原料の製造などいろいろな分野でおおいに貢献しています。

一方で、水を蒸気や温水に変えることで生じる「圧力の変化」による装置の破壊事故などボイラーが関与する事故は、いったん発生すると人や周囲のものに対し大きな打撃を与えるという安全面での問題も含んでいます。さらに、エネルギーを得るために燃料を燃やすことで資源を消費するとともに、発生する燃焼ガスや汚染物質による地球温暖化、環境への悪影響といった問題も発生します。

これらの問題を解決するため、ボイラーに使用する材料の開発、開発した素材に対し有効な溶接材料や溶接方法の開発、効率の良いボイラーの構造にするための取組みや環境負荷の少ない燃料の開発、燃焼技術の検討が行われてきました。同時に、ボイラーの安全を維持するための安全規則や構造規格が検討・制定され、これらの規則を遵守させるための制度なども時代の要求や技術の進歩を取り入れながら改善され確立されてきています。

本書では、ボイラーって何？（第1章）、ボイラーの基礎知識（第2章）からボイラー製作の基礎（第3章）、ボイラーの安全（第4章）、そして第5章ではこれらを総括的にコントロールするための計測・制御技術などについて、さらに第6章では環境対策と省エネ対策、第7章ではボイラーの構成と各種装置について紹介し、第8章ではボイラーの取扱いと管理方法についてわかりやすく解説しています。

こうした知識は、ボイラーを保有する企業で必要となるボイラー技士などの資格取得につながり、加えて今後の社会環境で重要視される資源の有効利用や、環境対策に密接にかかわるエネルギー管理の面でも有効に活用されることが考えられます。本書が、皆さんのボイラーに対する関心の呼び水になり、ボイラー技士やエネルギー管理士などへの道につながることに役立てていただけることを願っています。

最後に、本書の監修をたまわりました一般社団法人 日本ボイラ協会には原稿内容のチェックや資料提供などでご協力をいただきました。紙面を借りて厚く御礼申し上げます。

2018年12月

安田克彦・指宿宏文

トコトンやさしい

# ボイラーの本

目次

# 目次 CONTENTS

## 第1章 ボイラーって何?



## 第2章 ボイラーの基礎知識

## 第3章 ボイラー製作の基礎



## 第4章 ボイラーの安全

## 第5章 安全・適正に運転するための自動制御



## 第6章 環境対策と省エネ

## 第7章 ボイラーの構成と各種装置



## 第8章 ボイラーの取扱いと管理

# 第1章

# ボイラーって何?

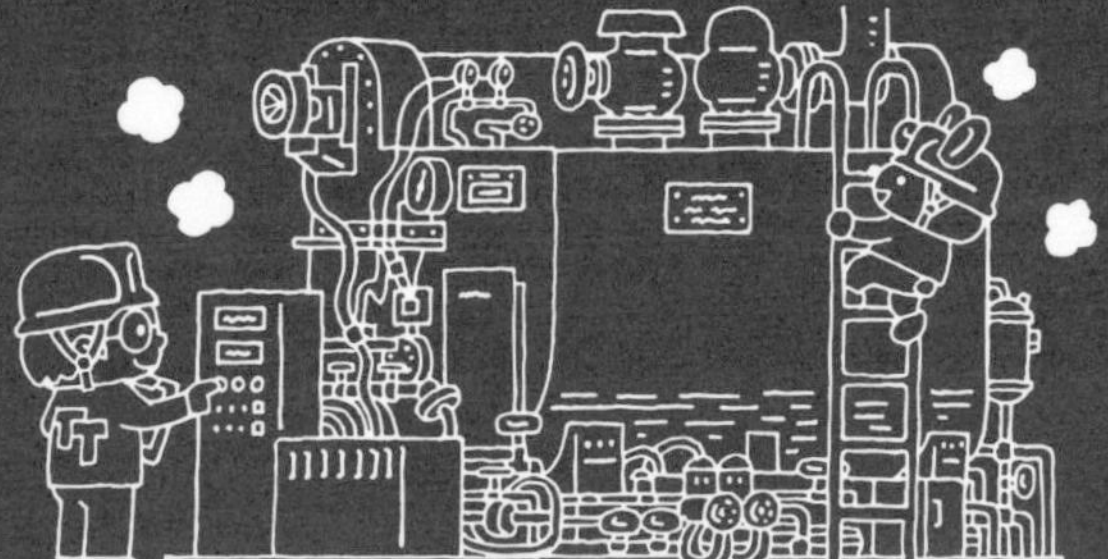

# 1 よく耳にするボイラーって何?

## ボイラーは身近なところで使われている

英語の「ボイル(boil)」という単語は、お湯で食材をゆがく時によく使います。ボイラーは、このボイルから派生した単語ですが、改めて「ボイラーって何ですか?」と聞かれると答えに困る方も多いでしょう。

　ボイルの意味は、ゆでること、液体を沸騰させることで、ボイラーは液体を沸騰させるものという意味になります。すなわち、ボイラーを工業的に展開すると、その一般的な定義は、「密閉された容器の中に水などを入れて火や高温のガスで加熱し、蒸気や温水を作り出して他の設備や機器へ供給する装置」となります。簡単に言えば「ボイラーという装置で、蒸気や温水を作ることができるので、これらを活用できるようにしましょう」という話なのです。

　この定義において、ボイラーは「密閉された容器を使用し蒸気を発生させる」としています。すなわち、ボイラーは基本的に大気圧を超える圧力を有する装置になることを意味しています。また、「火や高温ガスで水を加熱し、蒸気を発生させる」となっており、ボイラー本体の中は温度がかなり上昇していることがうかがえます。こうしたことから、運転時のボイラー内部には、圧力や温度の上昇による膨大なエネルギーが蓄積されていることになります。したがって、誤った取り扱いや保守管理を行うと、重大な事故につながる可能性があることを認識しなければなりません。

　ボイラーは、テレビや冷蔵庫のように日常の生活において誰しもが触れるようなものではありません。しかし、オフィスビル、デパート、学校、病院、ホテルなど大きな建物の暖房といった身近なものだけでなく、蒸気で動く機械や装置、蒸気を利用する発電など、私たちの暮らしにとってボイラーは、切り離すことができない重要な役割を担っているのです。したがって、ボイラーの作り出すパワーは、その危険性を理解して、大いに活用すべきエネルギーなのです。ではまず、身近なボイラーの利用から見ていきましょう。

**要点BOX**

- ボイラーが私たちの生活を支える
- 危険性を認識して正しく使うことが大切
- ボイラーで作った蒸気や温水を活用する

## 鋳鉄製ボイラー

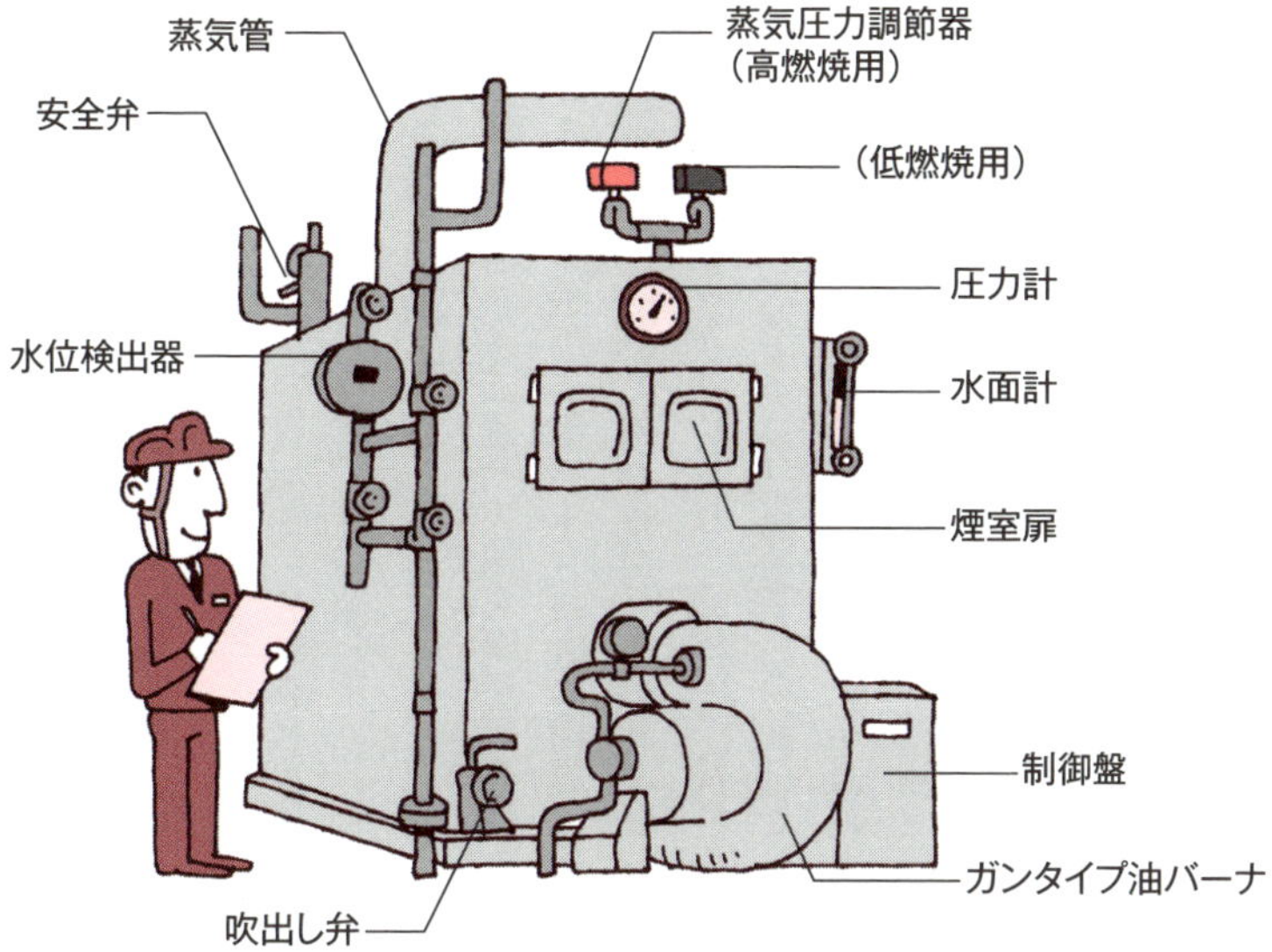


## 小型貫流ボイラー（多管式）

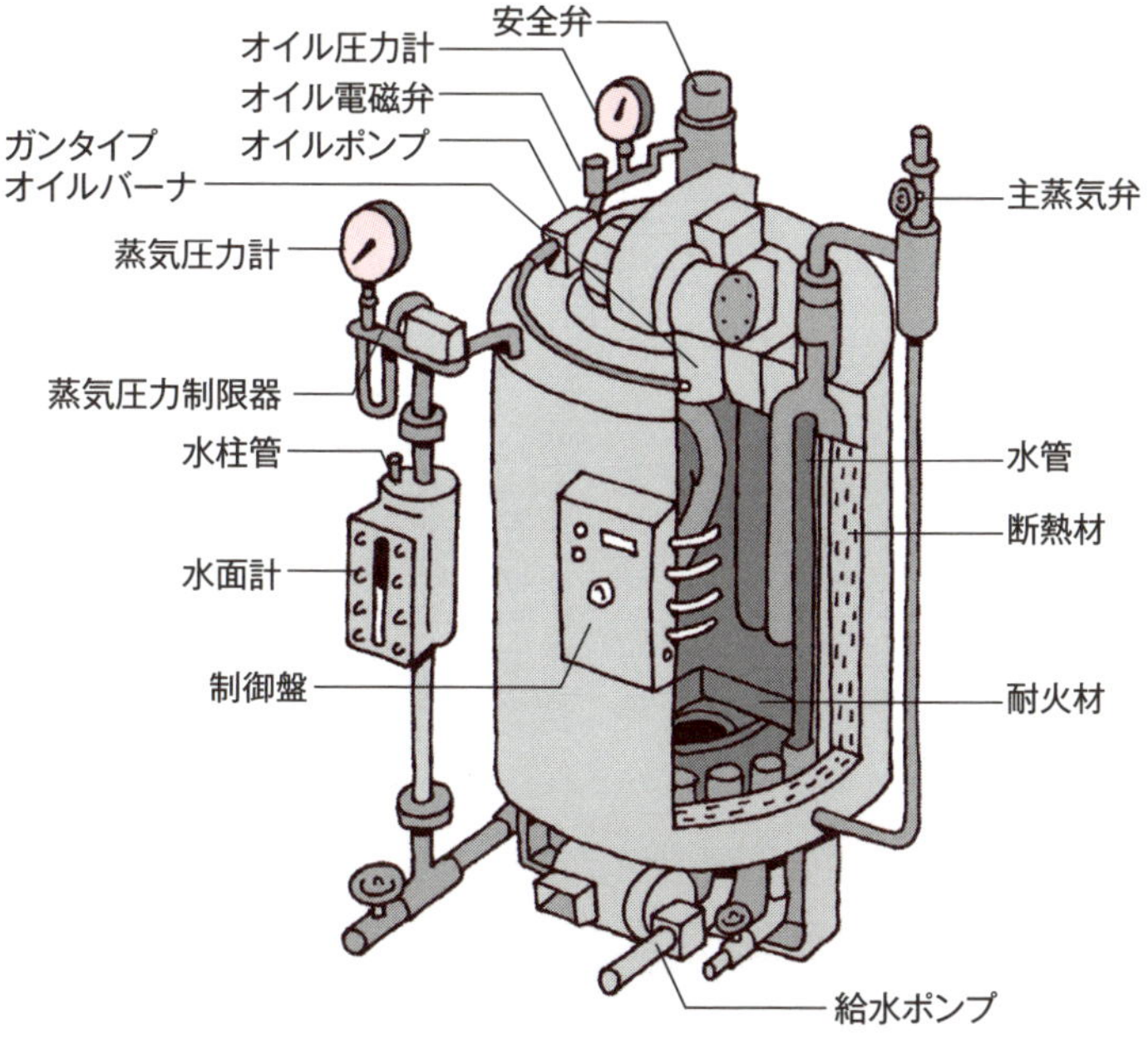

# 2 ボイラーで快適な温度を作る

給湯、暖房器への利用

台所や洗面所の小型給湯器や屋外に設置している風呂用給湯器は、ガスや灯油などを燃焼させるコンロ状バーナーの燃焼装置により銅管に流れる水を加熱し、これによって作られる温水を利用する、ボイラー機能の原点の製品と言えるでしょう。

こうした加熱で得られる温水の熱を暖房用の熱として利用するのが床暖房装置です。装置の構成は給湯器と同じですが、広い面積を暖房しなければならないと必要な温水の量が多くなり、必然的に加熱部分が大型化し、給湯器を屋外に設置しなければなりません。床暖房では、ガスや灯油を燃焼させて作った40～60℃の温水を床面下のパイプに流し、部屋を床面から効率的に暖房するのです。

室内の暖房だけを考えるならば、ガスや灯油のストーブで目的を果たすことは可能です。しかし、ストーブのような個別暖房では、①機器周囲の空気を高い温度まで温めるため、床近くの温められた空気は天井に昇り、冷たい空気が下りてくる熱の対流によって足元が冷える、②空気の対流でホコリや細菌が攪拌されて室内空気が汚れる、③酸素の欠乏や火災が発生する、などが問題となります。こうした問題の解消には、床暖房のような方法が有効となるのです。

また、寒冷地や大型の施設、ビルなどで利用されているセントラル暖房システムは、大量の温水を作り出すための装置、すなわちボイラーを専用の部屋に配置し、一カ所で作った温水を配管で各部屋の放熱器に送り込み、暖房しています。一般に放熱器には、オイルヒーターに見られるコンベクターや温水の通る管に多くの放熱用フィンを取り付けた構造のラジエーターを使用します。こうした温水の熱をより効率よく周囲の空気に移動させるため、放熱器に送風機を組み込むことで室内に強制的に温風を送る工夫などもなされています。なお、この熱の移動の媒体には温水だけではなく蒸気を利用する場合もあります。

**要点BOX**

- 床暖房は個別暖房の問題を解消する
- ボイラーを一カ所に集めて管理することもある
- 熱を伝える媒体は温水か蒸気

## 小型給湯器の概略図

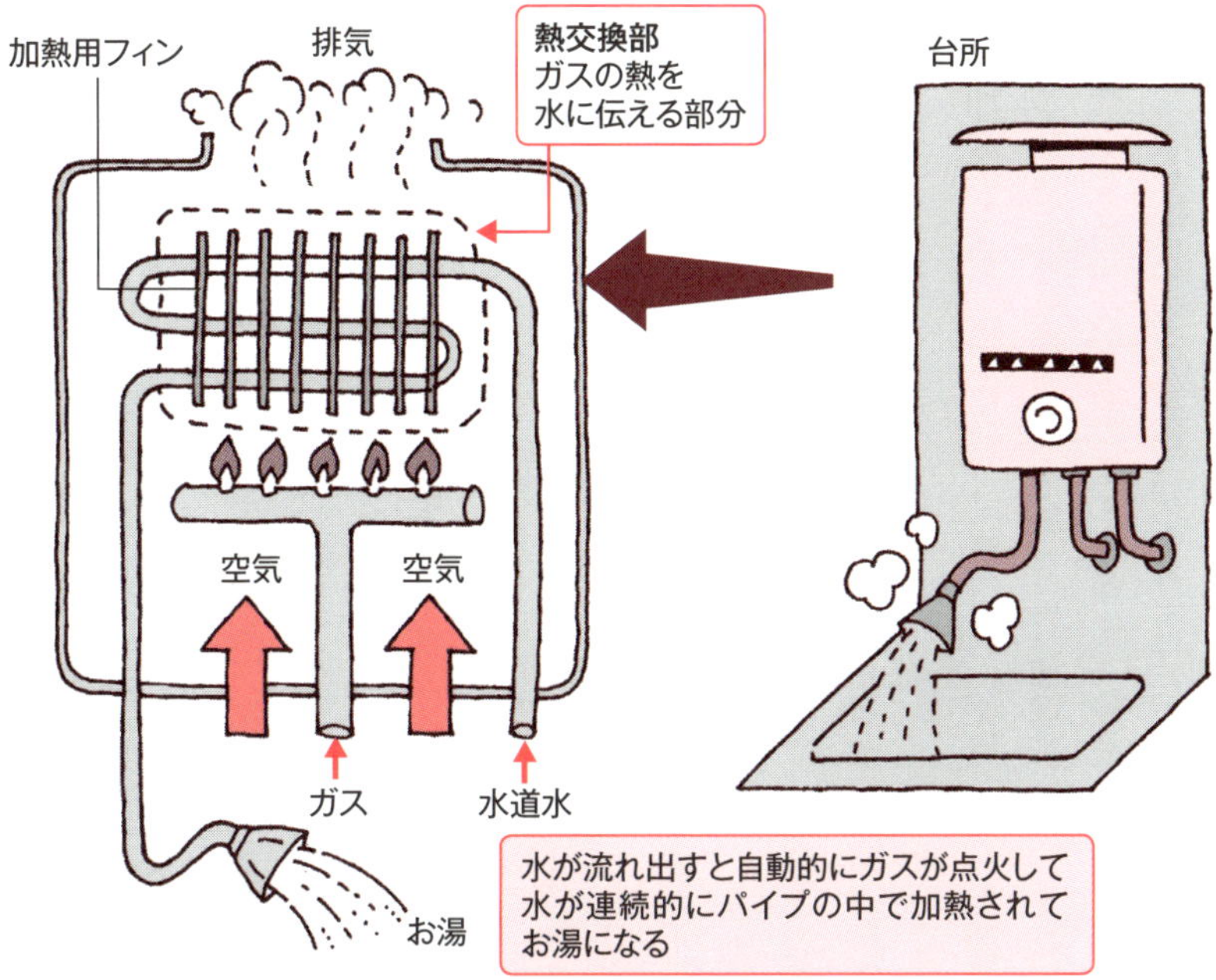


## セントラル暖房システムにおけるボイラーと放熱器の配置例

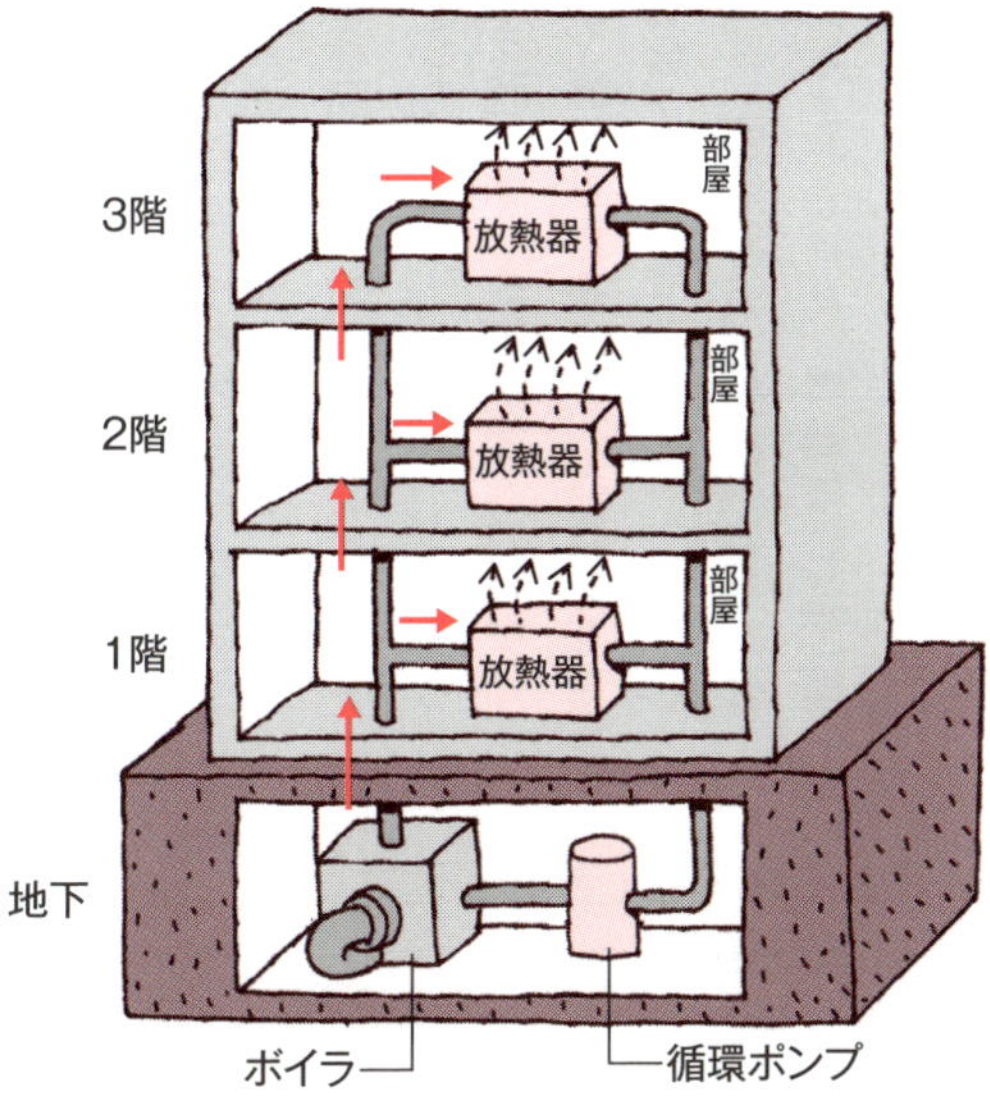

# 3 ボイラーで適切な湿度を作る

加湿器への利用

　部屋の加湿には、ボイラーで発生させた蒸気が使われます。例えば、冬になると「室内の空気が乾燥している」とよく問題になります。そこで快適な室内環境を作り出すため、電気で蒸気を発生させるスチーム加湿器が使われます。こうした室内の加湿は、①人が建物を利用する上で快適だと感じられる室内環境を作り出すこと、②博物館や美術館の収蔵品や貯蔵庫の食料品などの損傷や劣化を防止すること、③湿度が低いと静電気が発生しやすくなるため、電子機器の製造工程などで静電気放電による不快感や不良の発生を抑制すること、などの目的に使用されます。

　こうした加湿のための手法には、①蒸気式、②気化式(水を含んだフィルターにファンで風を送り加湿)、③水噴霧式、などの方式があります。通常、家庭用ではなく、より広い空間の空調システムでは、ボイラーで発生させた蒸気による蒸気式が多く活用されます。その一例が、病院内の加湿です。病院内では、空調が院内感染の媒体にならないよう配慮しつつ、空調本来の目的を達成する必要があります。こうしたことから、衛生管理面で特に配慮を必要とする手術室や集中治療室といった空間では、独立したボイラーで発生させた蒸気を利用する蒸気式加湿器が有効となります(手術室や集中治療室では、蒸気式加湿器が不可欠となる場合があります)。

　さらに、工業的には、医療施設と同様の管理が必要な製薬工場でも活用されるほか、半導体製造工場では静電気放電による不良品の発生を抑えるため、広い作業場を効率よく加湿できる、ボイラーを利用した加湿器や空調が利用されます。

　また博物館や美術館においても、乾燥や異物の付着で収蔵品を劣化させないために、広い空間を効率よく加湿できる、ボイラーを利用した加湿器が利用されます。

要点BOX

●一般家庭でも工場でも、湿度管理は重要
●加湿の方法は三種類ある
●ボイラーを使う加湿器は広い空間で使われる

## 手術室などの空調設備

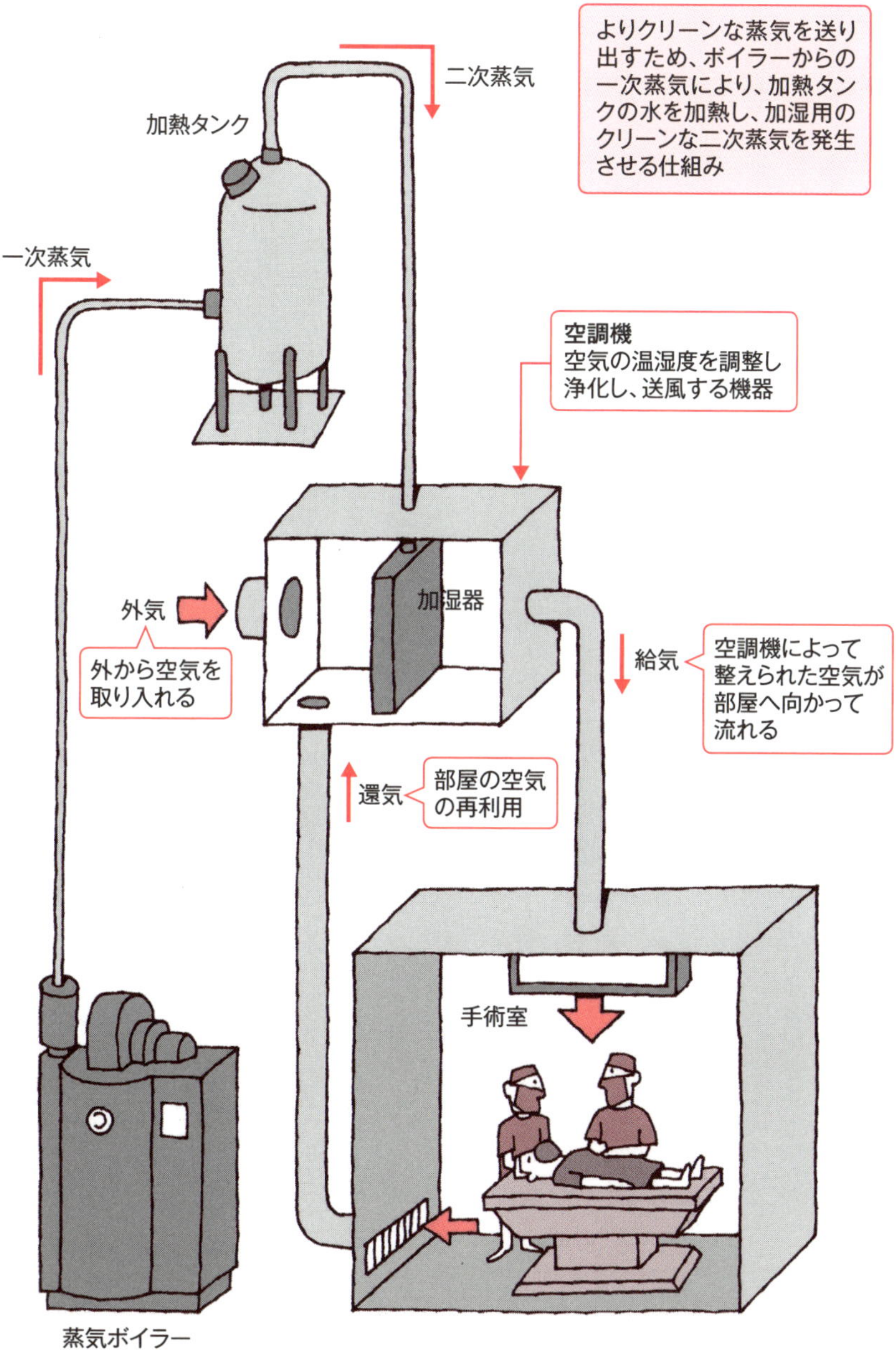

よりクリーンな蒸気を送り出すため、ボイラーからの一次蒸気により、加熱タンクの水を加熱し、加湿用のクリーンな二次蒸気を発生させる仕組み
二次蒸気
加熱タンク
一次蒸気
空調機
空気の温湿度を調整し浄化し、送風する機器
外気
外から空気を取り入れる
加湿器
給気
空調機によって整えられた空気が部屋へ向かって流れる
還気
部屋の空気の再利用
手術室
蒸気ボイラー

# 4 ボイラーが調理の効率をアップさせる

調理への利用

家庭の台所で一般に使われている調理器具の中に圧力鍋があります。例えば、じゃがいもを煮ると、普通の鍋で煮るよりも圧力鍋の方が短い時間でやわらかくなります。これは、圧力鍋の中の圧力を高くすることで、圧力鍋の中にある水が沸騰する温度を高くできるからです。このように、沸騰する温度（飽和温度）とその時の圧力の関係は大変重要であり、圧力鍋は、ボイラーの基本原理とも言え、圧力が上がると沸騰する温度も上がる現象をうまく利用しているということになります。

次に、ボイラーによって作り出される蒸気を活用した調理法として、「水で焼く」とも表現される過熱水蒸気処理というものがあります。この調理法が一般に知られるようになったきっかけは、スチームオーブンレンジです。後に12項で詳しく示しますが、過熱水蒸気とは、大気圧下における水を沸騰させて100℃の水蒸気を作り出し、さらに加熱することで得られる120～500℃という高温の水蒸気のことを指します。

過熱水蒸気による調理の特徴は、過熱水蒸気自体が高温で酸素をほとんど含まないことにあります。そのため、焼成などにより余分な脂や塩分を取り除くような調理ができたり、栄養素を維持しながら調理ができたり、焙煎などの加熱乾燥ができたりなど、多くの利点があるのです。

他にも、食品加工を行う多くの工場や調理場においてボイラーの蒸気は利用されており、過熱水蒸気のような高温を必要としない130～140℃程度の温度で、ごく一般的な混ぜる、煮る、炒めるなどの加熱調理に使われています。この時使用される専用の釜を蒸気釜といい、二重構造になっている蒸気釜の外釜に蒸気を通し、内釜に入っている食材を均一に、かつ効率よく加熱しています。

要点BOX

●圧力鍋はボイラーの原理を利用している
●圧力が上がると沸騰温度も上がる
●過熱水蒸気で料理の幅が広がる

## 圧力鍋の構造

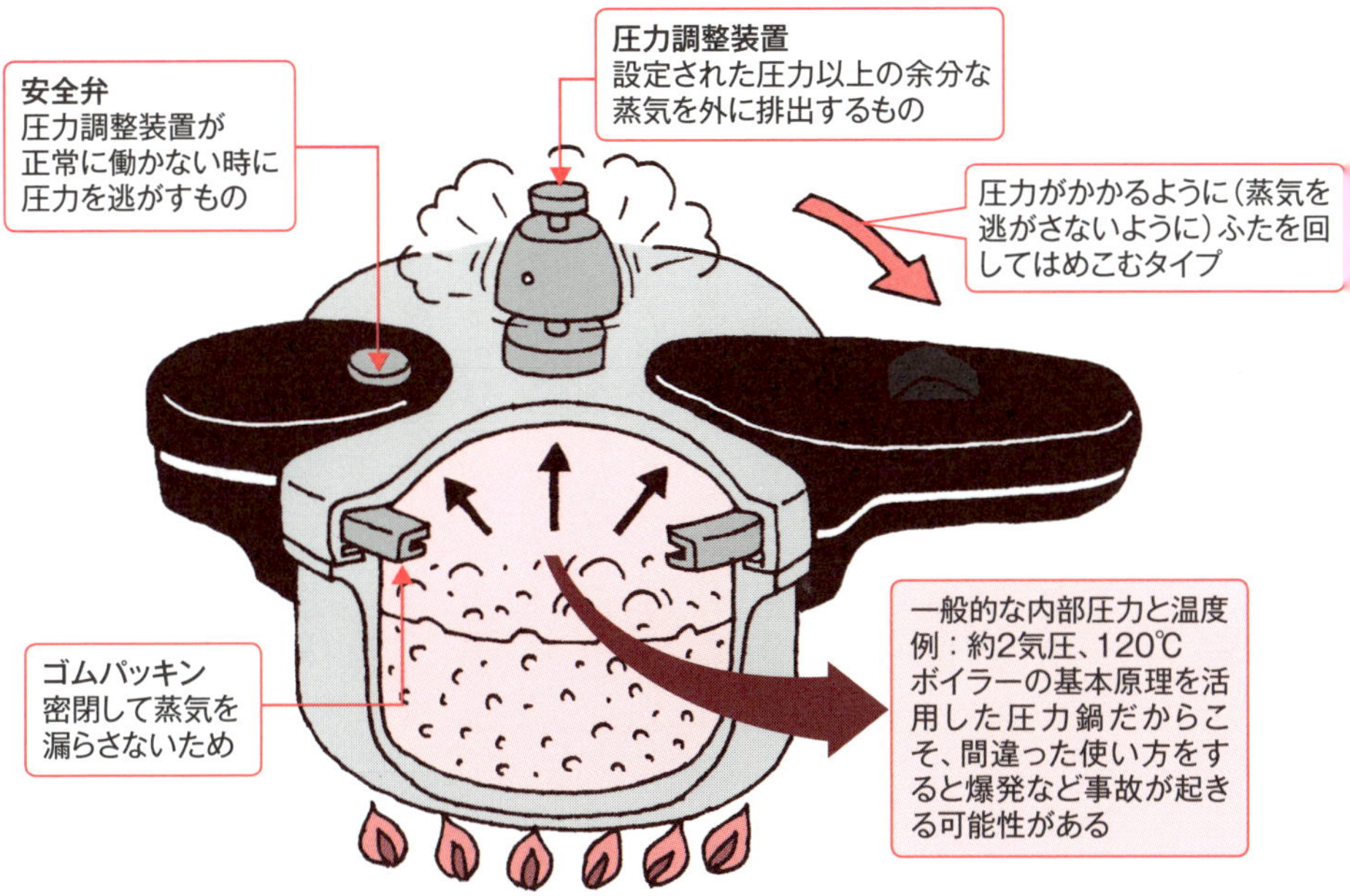


## 食品加工工場における蒸気釜(二重釜)の構造とボイラーの活用例

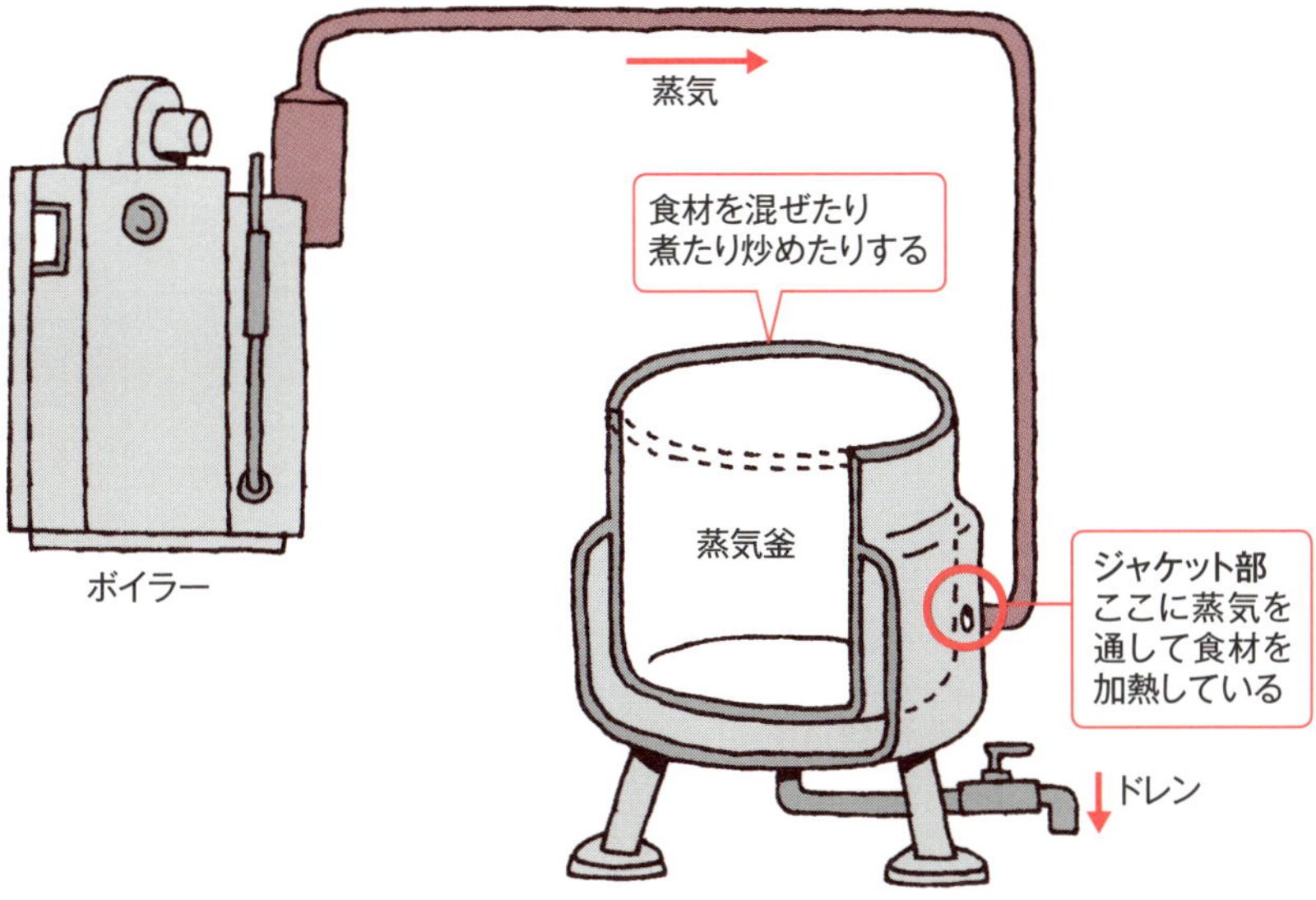

# 5 ボイラーは健康の維持に役立っている

## 洗浄、殺菌・滅菌装置への利用

ここでは蒸気の殺菌・滅菌への利用について見てみましょう。

蒸気土壌消毒は、移動式の蒸気ボイラーからの蒸気を土壌中に送り込み、その熱を利用して土壌の温度を上げ殺菌する消毒法です。アメリカやヨーロッパで開発された方法で、土壌の消毒に広く用いられています。防除効果が高いのが特徴です。蒸気なので毒性がなく、他の家畜や近隣作物への害もありません。

例えば、食品の表面や内部に細菌などの微生物が付着、混入した場合、食品の腐敗を引き起こすだけでなく、汚染された食品を口に入れることで食中毒を起こすことが考えられます。このため、食品工場では殺菌や滅菌処理が必要になります。こうした問題を引き起こす細菌の中には、強い毒性をもつボツリヌス菌のように耐熱性を併せ持つものがあり、加熱温度が100℃以上の蒸気による加熱殺菌を行うことが必要となります（通常の加熱殺菌では、食品の乾燥や変質が発生するため、高温蒸気による処理が必要となります）。

また、缶コーヒーの製造過程においても、容器にコーヒーをつめた後、レトルト釜と呼ばれる装置に一度に数万本の缶を入れて、120℃で20分程度の蒸気殺菌を行っています。

このように、食品製造工程では食品の安全を確保するため殺菌や滅菌の処理が不可欠であり、そのためにボイラーで発生させた高温蒸気を効果的に利用しているのです。

また、医療施設においても、医療器具の再使用による感染防止のため、器具の洗浄や殺菌処理が必要で、この場合も蒸気殺菌が不可欠となります。ここでも、ボイラーによる蒸気の熱エネルギーを活用し、121～135℃といった高温蒸気による処理を行います。これにより確実で効率的、効果的に微生物の殺菌が行われるのです。

要点BOX
- ●家庭用の洗浄機にもボイラーが使われている
- ●殺菌には高温蒸気が必要不可欠
- ●医療現場の衛生管理にも欠かせない

## 蒸気土壌消毒

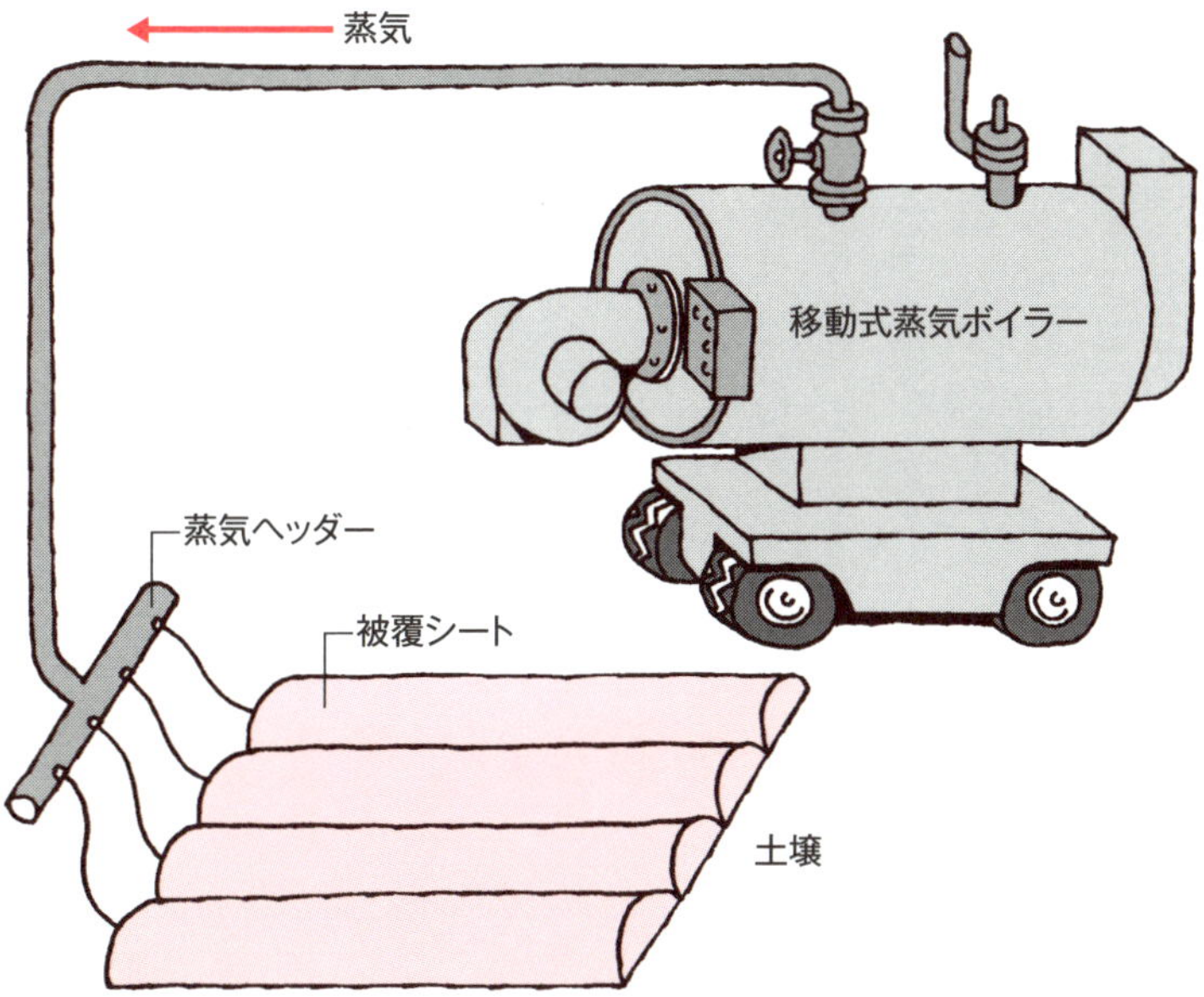


## レトルト釜を用いた加圧加熱装置におけるボイラーの配置

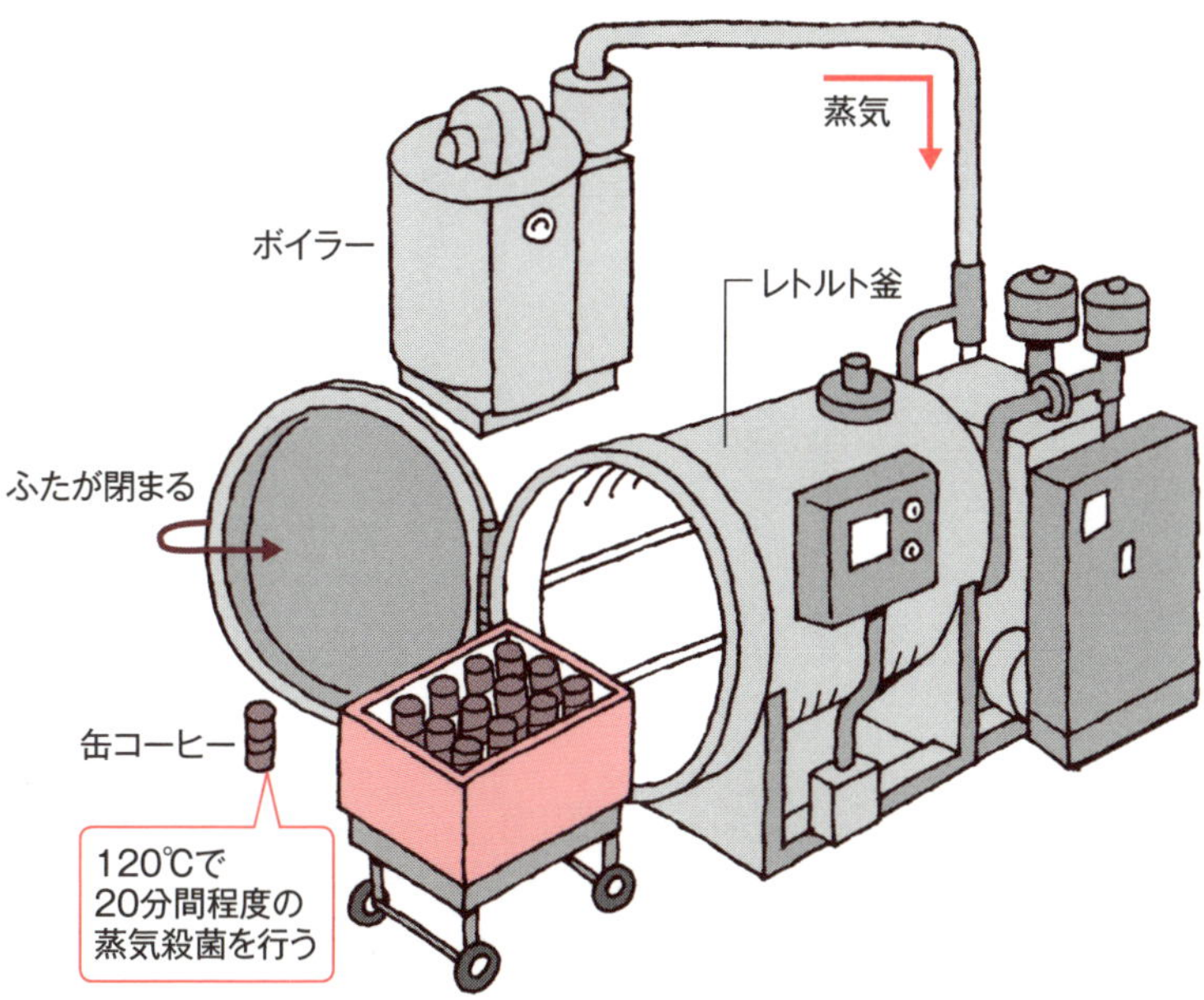

# 6 ボイラーは蒸留技術に使われる

## 醸造、化学工場への利用

常温で液体、あるいは100℃以下で液体状態になる固体を加熱し、蒸気にした後に冷却、その冷却過程においてそれぞれの沸点近くの各温度で異なる成分の物質を順次取り出していく蒸留技術は、お酒造りや化学工場で広く利用されています。

お酒造りでは、麦芽の酵素の働きででんぷんが糖に変り、酵母菌で発酵させて作るのがビール、お米から作るのが日本酒、ブドウなどの果実から作るのがワインです（日本酒は、米が白米化されることで胚芽が無くなるため、こうじカビの力を借りて糖に変えています）。この醸造酒を温め、蒸発してくるアルコール蒸気のみ冷却し、液体にして取り出したものが蒸留酒で、ワインを蒸留するとブランデーになります。

この蒸留の技術をより工業的に大規模に行うのが、ガソリンや各種石油化学製品の原料を作り出す化学プラント工業です。ここではまず、元となる原油を加熱し蒸気にして冷却、沸点が高い順に重油（350℃以上）、トラックなどの燃料となる軽油（240〜350℃）、ジェット燃料や灯油（170〜250℃）、ナフサ（30〜180℃）が取り出されます。なお、車用のガソリンはナフサを改質処理したものです。

さらに、石油から精製されたナフサは分解工場へと送られ、エチレンやプロピレン、ベンゼン、トルエンなど石油化学製品の基礎製品に分離されます。その後、これらを化学反応処理して、最終的に、ポリ袋やポリバケツのようなプラスチック製品、合成繊維を使用した衣料品、塗料、接着剤などのさまざまな石油化学製品に加工されていくのです。この石油化学工業の蒸留工程では、液体の石油を蒸気に変えるため加熱を行う装置が必要になります。ただし、この加熱装置で燃えやすい原油や石油製品に直接火を当ててしまうと、火災や爆発事故につながりかねません。そこで、加熱をボイラーの蒸気による間接加熱方式とすることで、高い安全性を確保しながら処理できるのです。

**要点BOX**

- ●蒸留は物質の沸点の違いを利用
- ●原油から精製されるものは温度によって違う
- ●石油を蒸気に変えるためにボイラーが必要

## 原油蒸留塔の概要

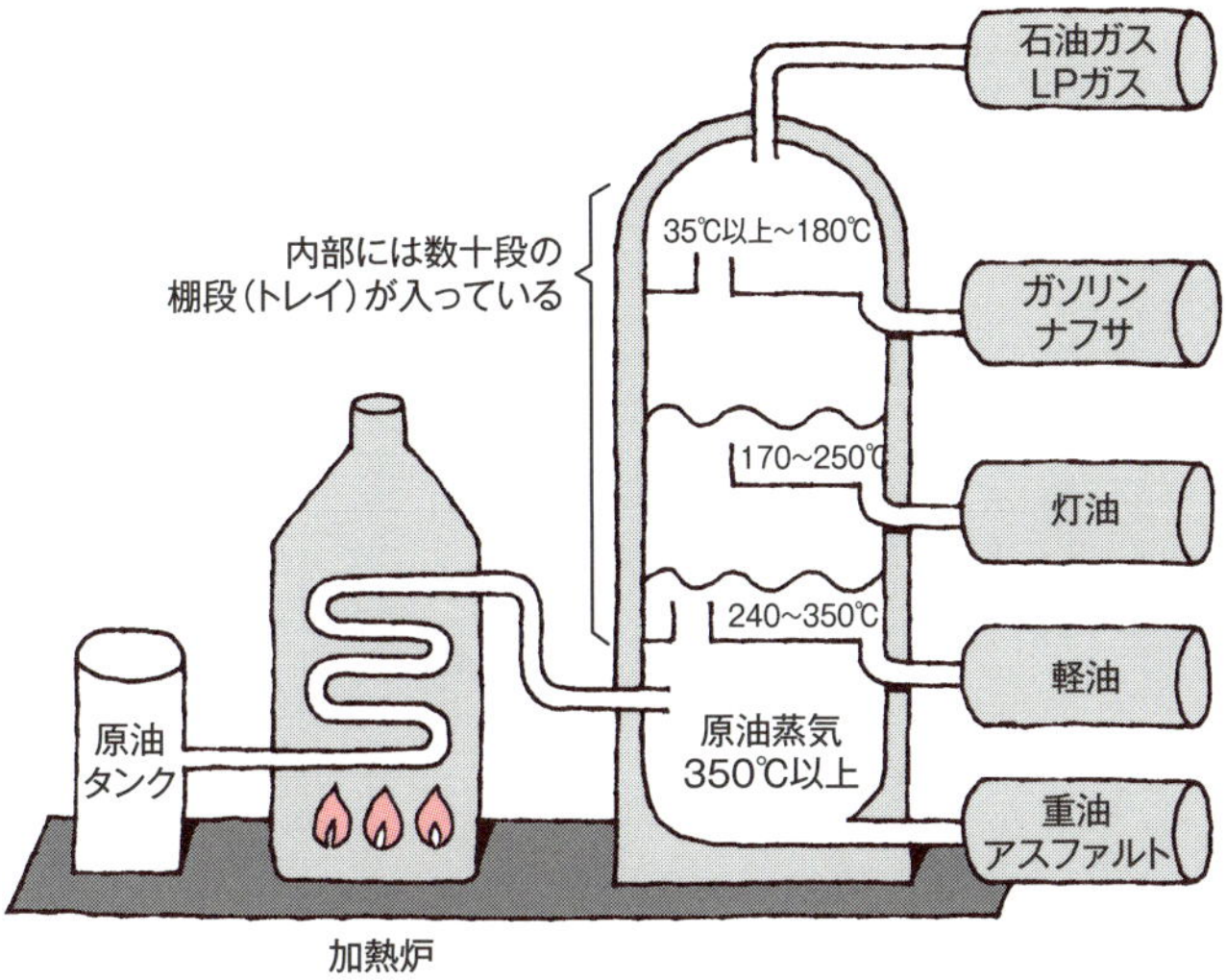


## 一般的な蒸留塔

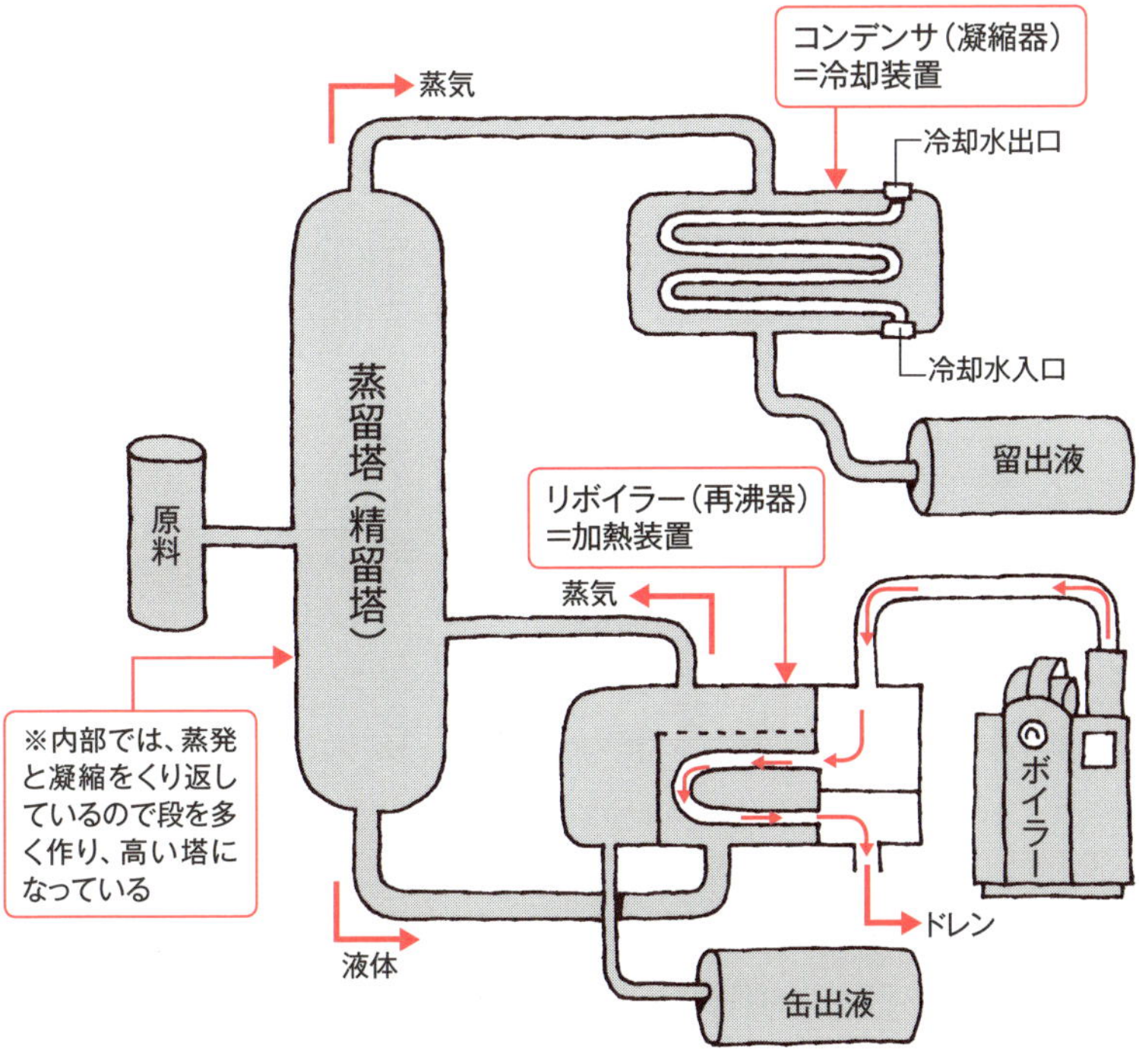

# 7 鉄道に使われたボイラーの力

## 蒸気機関車への利用

ボイラーを活用し、蒸気のエネルギーを動力として使用する道具の代表的なものが蒸気機関車です。明治時代の初めに我が国で開通した鉄道に使われた「SL」、すなわち蒸気機関車ですが、最近では観光用で走っている程度で、ほとんど見られなくなっています。しかし、こうした蒸気機関車は現在でもボイラーの関係法令では移動式ボイラーとして位置づけられており、ローカル線などで走っている蒸気機関車も安全上の理由からチェックを受けることになっています。

蒸気機関車は、燃料である石炭を燃やして水を加熱し、蒸気を作り出すことで車輪を回しています。では、どのようにして車輪を回しているのかを、燃料の燃焼から排気までの流れで見てみましょう。

まず、燃料となる石炭は、火室と呼ばれる燃焼室の中で燃やされ、ここでボイラー水に熱を伝えるとともに燃焼ガスは、火室につながる煙管という管を通って機関車前部の煙室に送られます（最終的には、煙室上部にある煙突から排気されます）。

この煙管内に送りこまれた高温の燃焼ガスによる熱の流れは、円筒形の機関車本体胴に入っている水を加熱し、蒸気に変えます。発生した蒸気は、上部の空間（蒸気だめ）に集められ、加減弁と呼ばれる弁の開閉によって車輪を回すための駆動部へと流れていきます。蒸気は、駆動部へ流れていく過程で過熱管でもさらに過熱され、車輪を回すエネルギーをさらに高めた過熱蒸気となり駆動部に送られます。

駆動部では、筒状の空間（シリンダー）の中に前後から交互に過熱蒸気が送り込まれ、シリンダーの中に入っているピストンが前後に動く運動に変換されます。この前後に動くピストンに直結された棒を、車輪に取り付けられている棒（主連棒）とピンで連結します。これにより、ピストンの往復運動が機関車の車輪の回転運動に変換され、機関車を動かすことができるようになっています。

**要点BOX**

- ●日本初の鉄道はボイラーの力で動いていた
- ●蒸気をさらに過熱してエネルギーを高める
- ●シリンダーの動きを車輪の回転に変換できる

## 蒸気機関車の構成

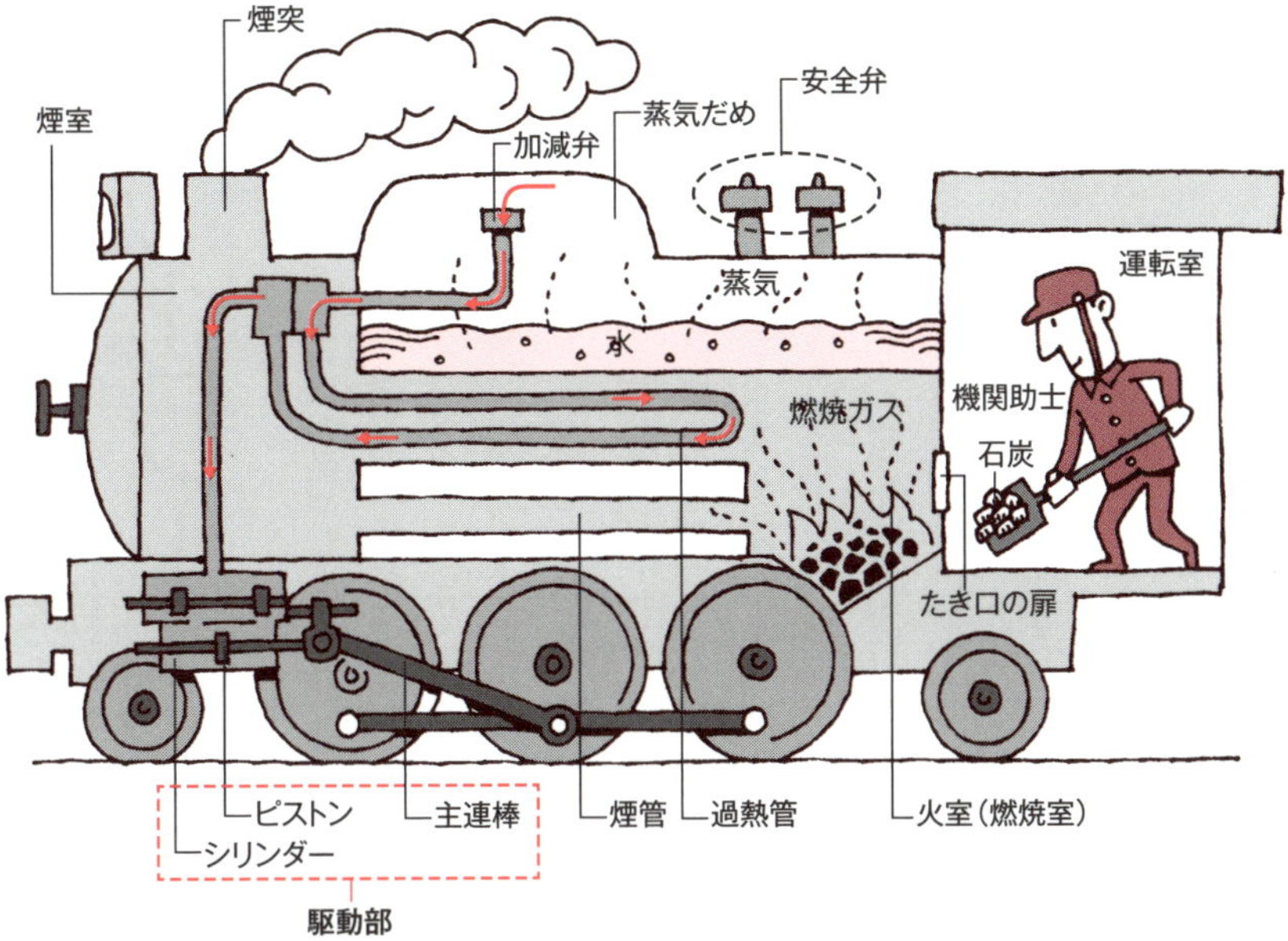


## 駆動部におけるピストンと車輪の機構

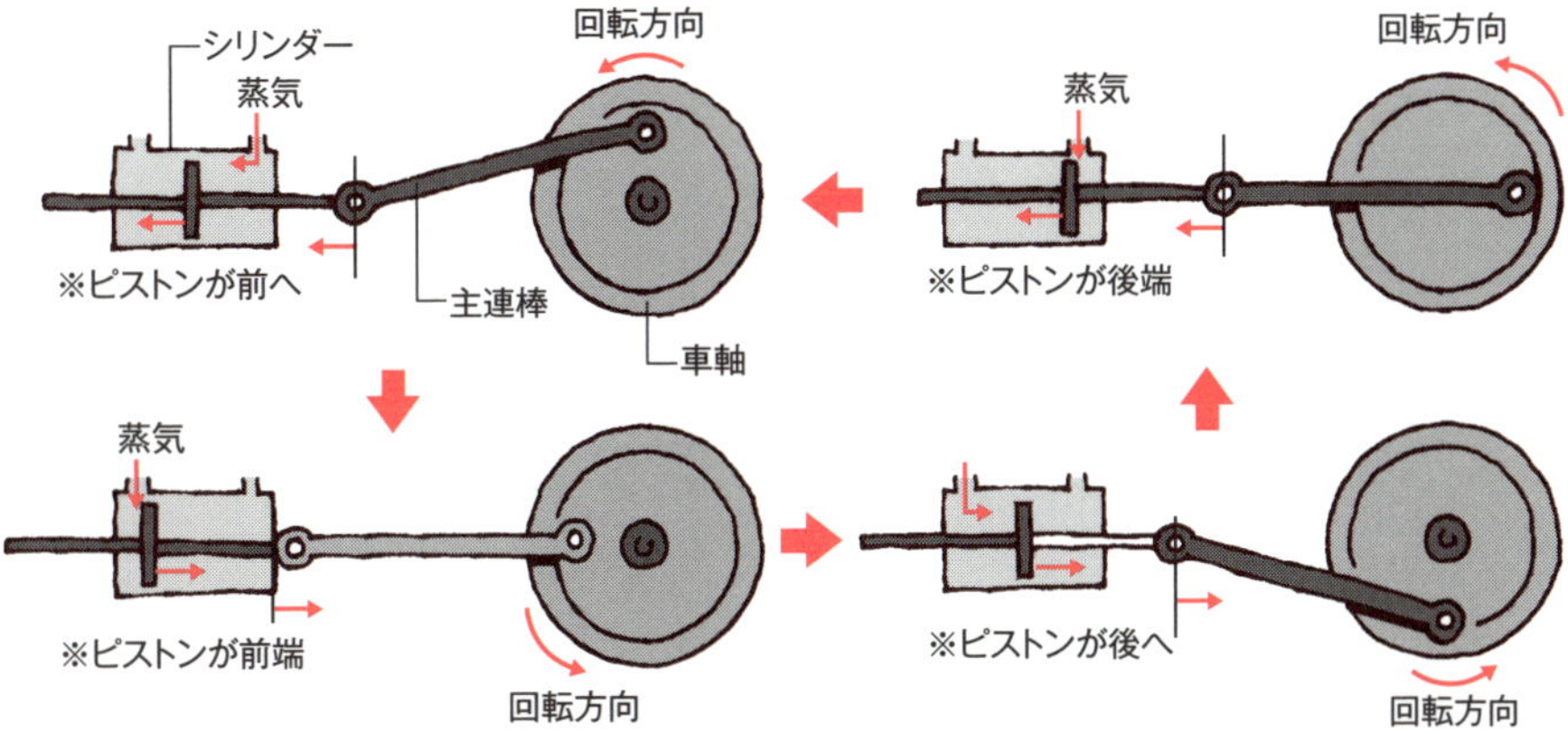

# 8 蒸気機関車はボイラーの原形



蒸気機関車は、燃料となる石炭を燃やして水を加熱することで蒸気を作り出しており、その蒸気でピストンを動かし、車輪を回しています。したがって、蒸気機関車を走らせるには、燃焼を継続させ、連続して蒸気を発生させ続けることが必要で、燃焼の状況を見ながら石炭を常に火室(燃焼室)の中へ供給する必要があります。また、機関車本体胴に入っている水も、蒸気に変化することで水量が減少します。したがって、水も機関車本体胴へ補給することが必要になります。こうしたことから、常に移動している蒸気機関車では、必要に応じて石炭と水を供給できるよう、石炭と水を積む専用の「炭水車」と呼ばれる車両が機関車のすぐ後ろに連結されているのです。

一方、蒸気機関車の運転室に目を向けると、さまざまな機器類が備え付けられています。その中でも運転室で目に付きやすい高い位置に配置されているのが圧力計で、蒸気機関車本体胴内の蒸気圧力を示します。蒸気機関車の使用蒸気圧力は、1.5MPa(15kg/㎠)程度に達し、このの蒸気圧力のパワーにより、デゴイチの愛称で親しまれたD51形蒸気機関車も最高時速85㎞を出すことができたのです。ただし、この蒸気の圧力が異常に上昇してしまうと、機関車本体胴が圧力に耐えられなくなり、破裂事故を起こす可能性があります。そこで、内部の蒸気圧力が上昇しすぎた時に、機関車本体胴の上部に内部の圧力を大気中へ逃がすための安全弁が取り付けられているのです。

さらに、運転室には、機関車本体胴に入っている水量を計測する水面計も取り付けられています。機関車本体胴の内部に十分な水量がない状況で燃焼を続けると、空焚きの状態になり、動力の源である蒸気の発生が止まるだけでなく、煙管が高温になって重大な事故の発生につながります。水面計はこれを防止するためのものです。

**要点BOX**

- 緊急時には圧力を逃がす仕組みがある
- 石炭と水は常に補給が必要
- 蒸気機関車がさまざまなボイラーの基本の形

## 炭水車の構造

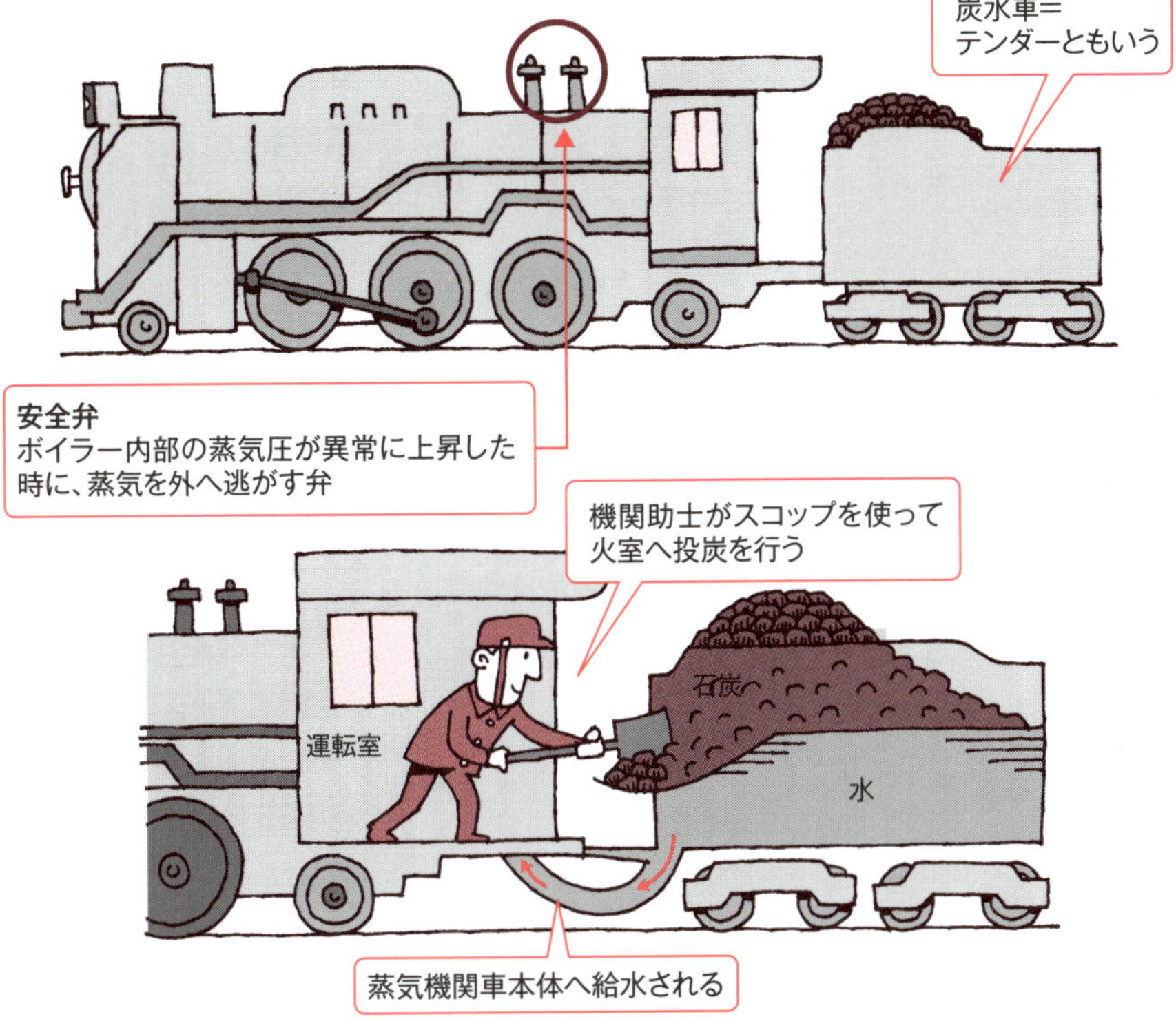

炭水車＝
テンダーともいう
安全弁
ボイラー内部の蒸気圧が異常に上昇した時に、蒸気を外へ逃がす弁
機関助士がスコップを使って
火室へ投炭を行う
石炭
運転室
水
蒸気機関車本体へ給水される

## 運転室内の様子

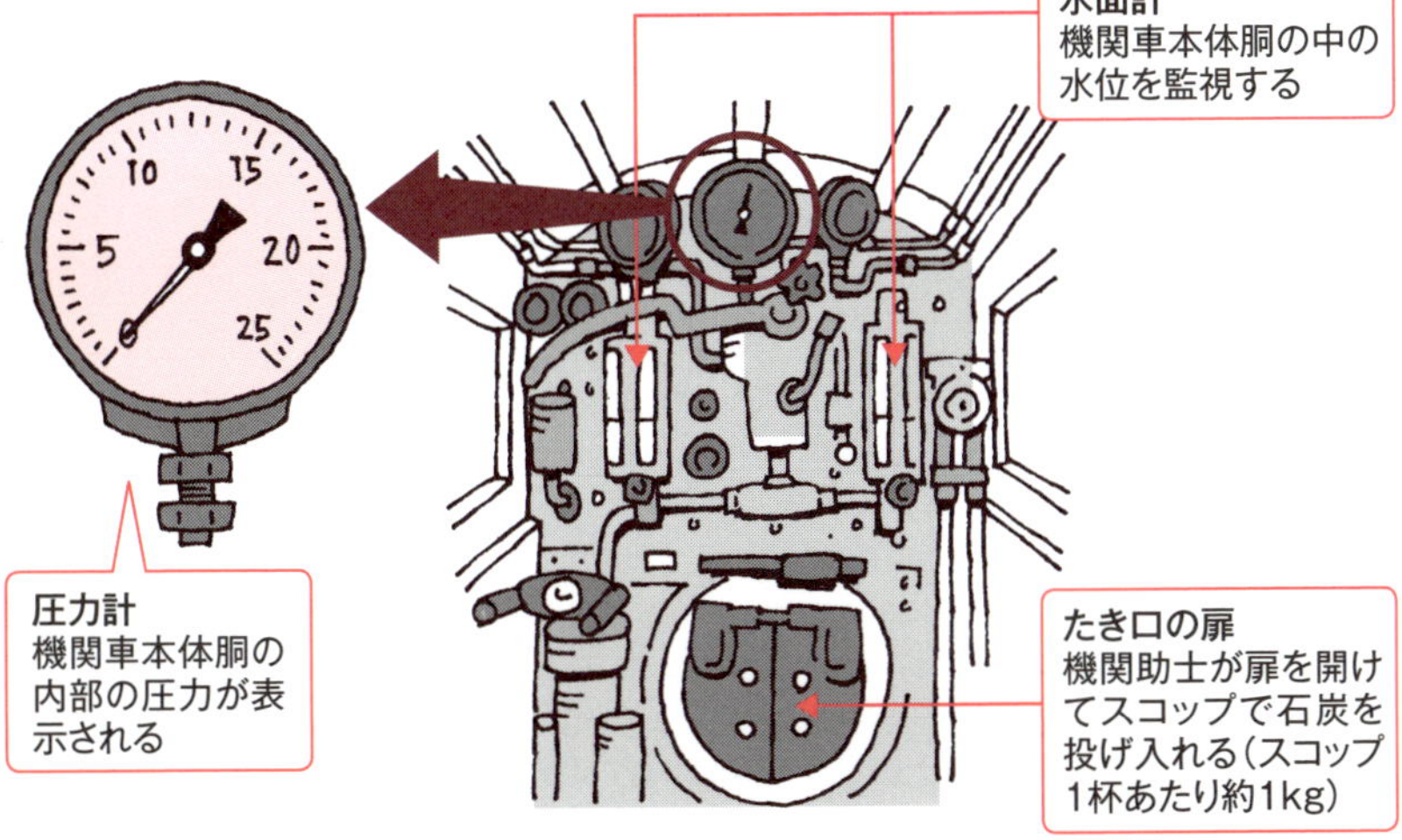

水面計
機関車本体胴の中の水位を監視する
10
15
5
20
25
圧力計
機関車本体胴の内部の圧力が表示される
たき口の扉
機関助士が扉を開けてスコップで石炭を投げ入れる（スコップ1杯あたり約1kg）

# 9 電気を生み出すためにボイラーが使われる

## 発電所での利用



自転車に付いているライトは、人が回している車輪に接触させた小さな発電機の軸が、車輪の回転に合わせて回ることで発電した電気で点灯しています。こうした回転を利用した発電のメカニズムは、磁石の磁極間に形成されている磁場に、金属の導電材を通すことで発生させる誘導起電力によるものです。

こうしたメカニズムにより大量の電気を得るには、巨大な発電機を高速で回転させることが必要で、この回転にボイラーで発生させた蒸気の力を利用するのが火力発電です（水の入ったヤカンを火にかけ、勢いよく蒸気が吹き出してくるヤカンの口に風車のような回転物を近づけると、蒸気の吹き出す力によって羽根が回りだしますね）。なお、羽根車の羽根に水を高い位置から落下させて、羽根車を回転させるのが水力発電、核燃料の反応から得たエネルギーを蒸気にして羽根車を回転させるのが原子力発電です。

蒸気の力を利用する発電方式を「汽力発電」と呼びます。この汽力発電の発電機は、蒸気を効率良く受け入れ、最大限利用できるように設計された形状の羽根（動翼）を多数組み込んだ蒸気タービンと呼ばれる羽根車と直結しています。そして、ボイラーで発生させた高温高圧の蒸気をノズルから噴出させて高速の蒸気流を作り出し、蒸気タービンの羽根車の羽根に衝突させます。その衝突の衝撃で羽根車を1分間に3000回転という高速で回転させるのです。

なお、汽力発電では、①ボイラー本体に送り込まれた高圧の水は加熱されて蒸気を発生、②発生した蒸気はさらに加熱され、高温の過熱蒸気となってタービン部へ送り込まれ、タービンを回転させます、③その後、圧力の低下した蒸気は、復水器で冷却、凝縮されることで水に戻り、④最終的に、凝縮された水は給水ポンプによって再びボイラー本体へと送り込まれ、再度加熱される、という一連のサイクルを繰り返しながら発電機を動かしています。

**要点BOX**

- ●タービンの回転を利用して電気が作られる
- ●汽力発電は蒸気の力を使った発電方法
- ●汽力発電では蒸気が循環して再利用される

## ボイラーとタービンによる発電の原理

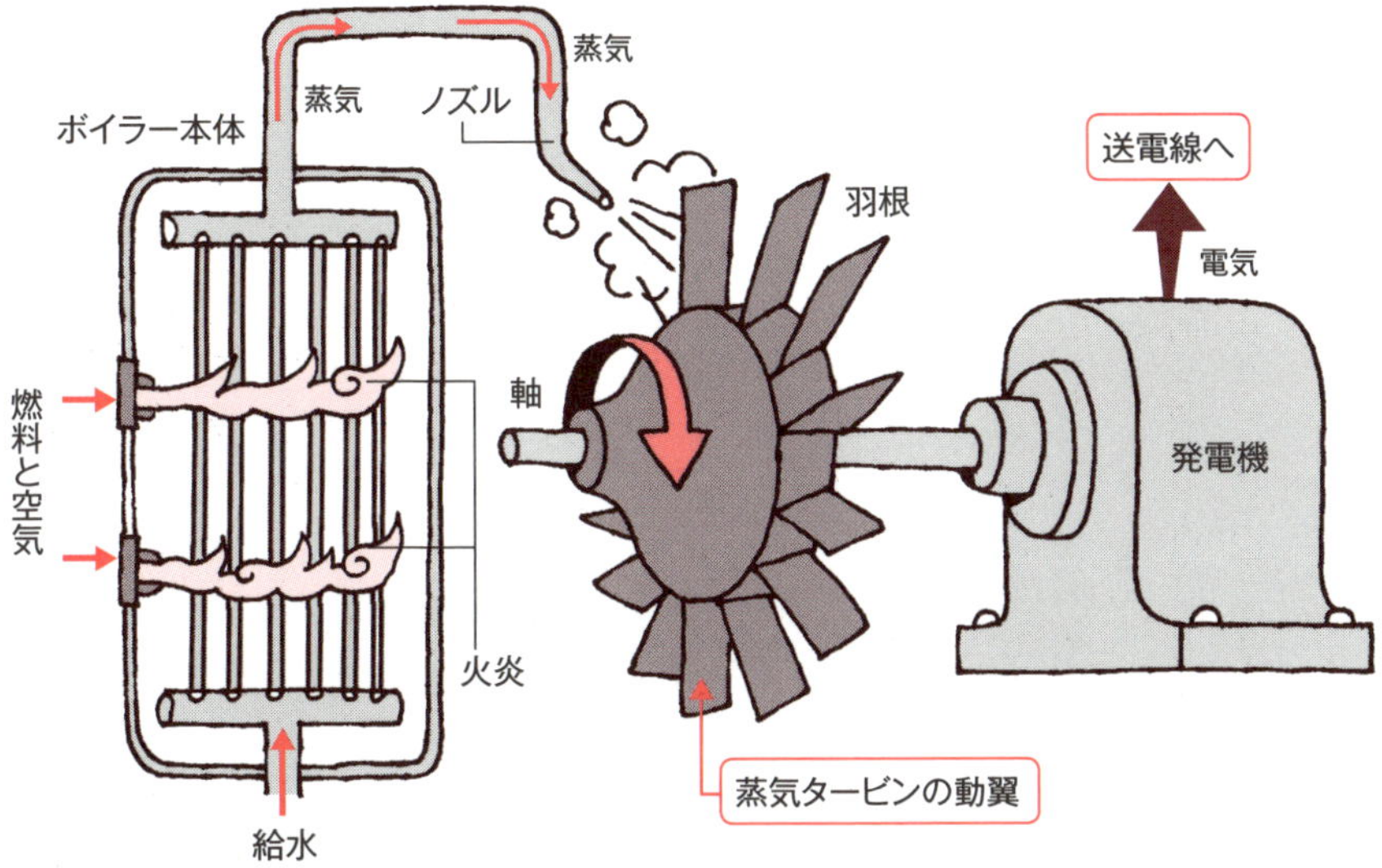




## 自転車における回転運動による発電機

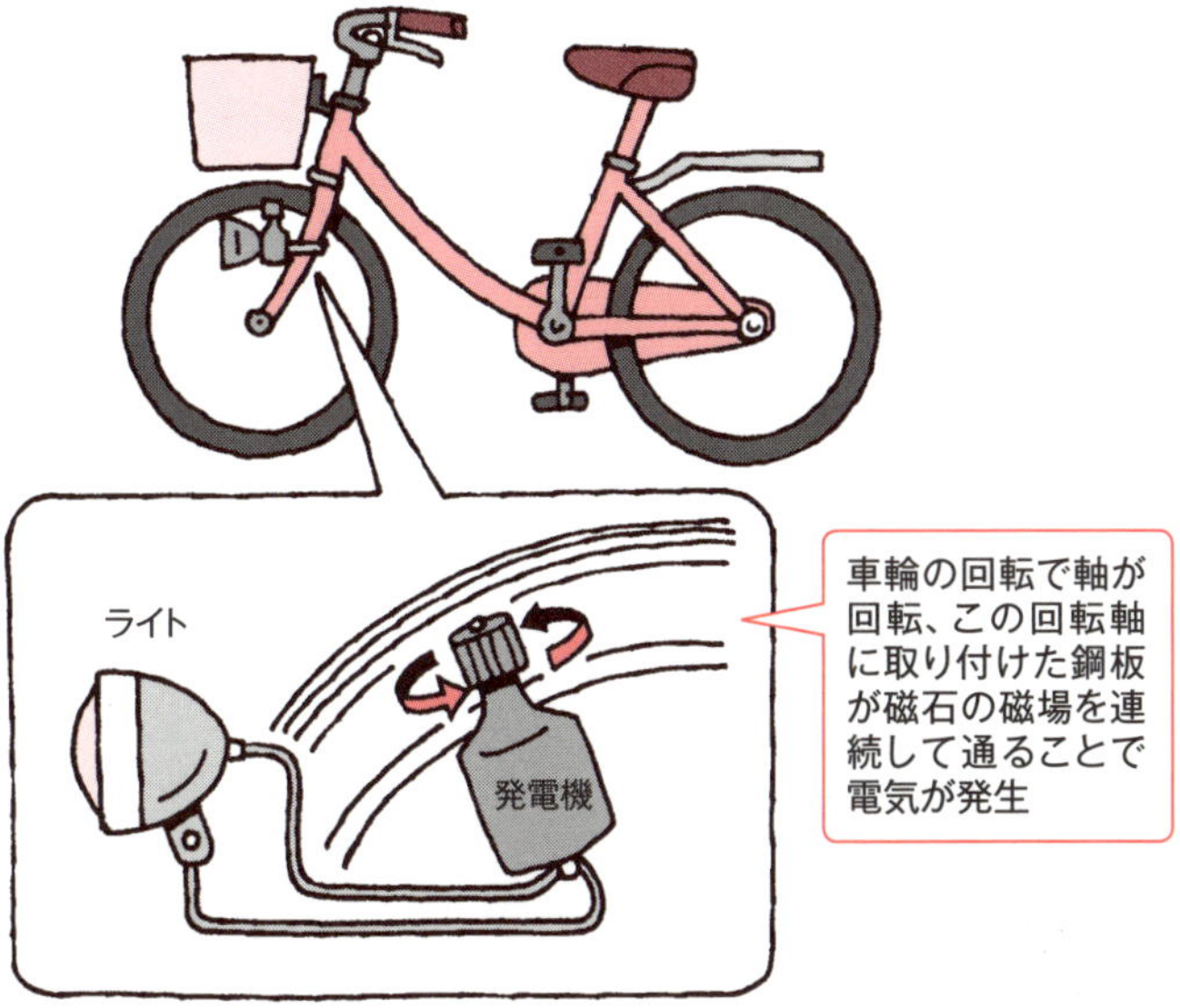

Column

# 温水や蒸気の利用

燃料を燃やして作り出される火力や高温ガスのエネルギーで水を加熱し、得られる蒸気や温水を他の設備や機器へ供給する役目のボイラーを活用する道具の代表的なものの一つが蒸気機関車でしょう。

蒸気機関車では、機関士が蒸気の圧力状態を圧力計で見ながら、適正な燃焼状態となるよう炭水車に積まれた石炭を火室と呼ばれる燃焼室の中に投入して燃やし、燃焼による熱エネルギーを高温の燃焼ガスに変えます。これによって得られた燃焼ガスは、火室につながる煙管という管の中を通って機関車前部の煙室に送られます。この煙管内に送り込まれた高温の燃焼ガスが、まわりにある円筒形の機関車本体胴に入っている水を加熱し、蒸気に変えるのです。

発生した蒸気は、車輪を動かすための駆動部へと流れていく過程でさらに加熱され、より車輪を動かすエネルギーを高めた過熱蒸気となって駆動部に送られます。駆動部では、過熱蒸気が筒状容器の空間の中に左右から交互に送り込まれ、この筒状容器の中に入っているピストンを前後に動かす運動に変換します。この前後に動くピストンに直結された棒と車輪に取り付けられている棒が連結されます。

同様に、ボイラーで発生させた蒸気を利用する装置に、近年の生活に欠かせない電気の発電装置があります。すなわち、人の漕ぐ力で発電機を回して発電する自転車の夜間用ライトの発電原理を、石炭や石油、原子力などで発生したエネルギーで水を蒸気に変え、蒸気の持つ大きなエネルギーで大型の発電機を高速で回転させ大量の電気を発生させています。もっと身近な例では、ガスの燃焼などで得られるエネルギーで水を加熱し、得られる蒸気や温水を温水器や床暖房、圧力釜やスチームオーブンなどの調理器具などでも利用しています。

ピストンの往復運動が機関車の車輪の回転運動に変換され、機関車を動かすことができるようになっています。

# 第2章

# ボイラーの基礎知識

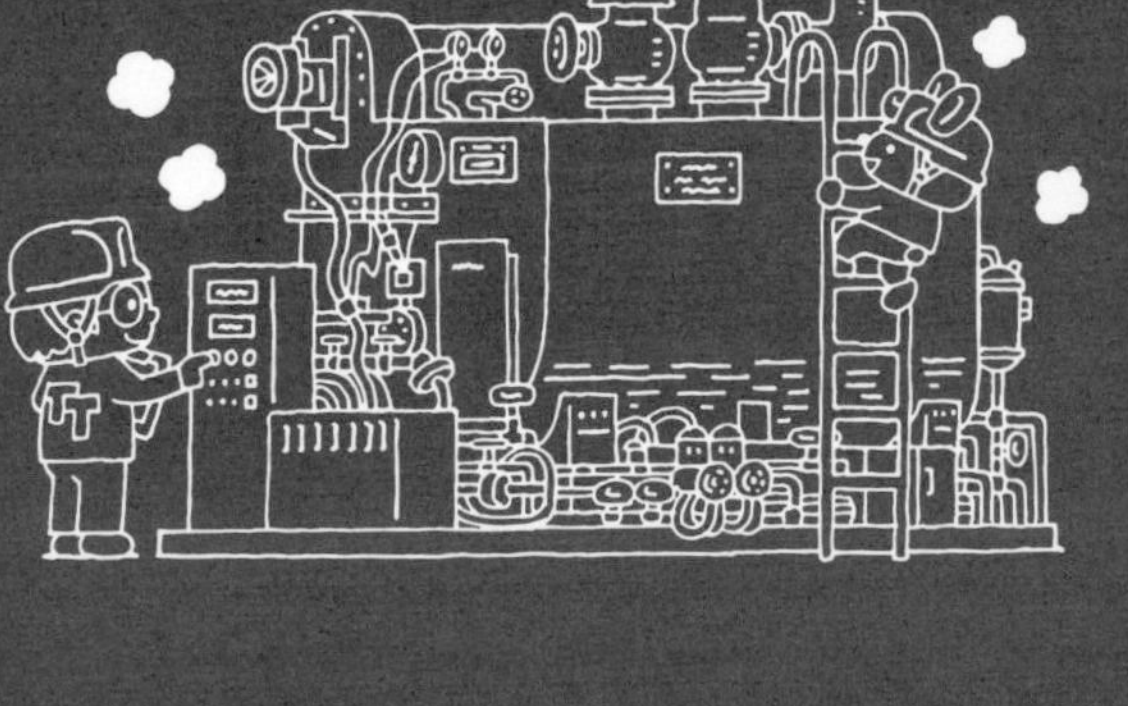

# 10 ボイラーが作り出すエネルギー

## カギは蒸気の体積変化

１項のボイラーの定義において、「密閉された容器の中に水などを入れ、火気や高温ガスなどでこれを加熱する」という表現をしました。この「火気や高温ガス」とは、一般的にはボイラーに供給された燃料を燃焼させることで得られる「火炎や燃焼ガス」のことです。これらの熱のエネルギーは、ボイラーの中にある水に移動し、水を蒸気に変化させたり水の温度を上昇させ温水を作ったりしています。すなわち、燃焼によって得られる熱のエネルギーが、熱の移動により、蒸気や温水というエネルギーを作りだしたとも言えるのです。一方、ボイラーによって作り出された蒸気や温水のエネルギーは、どのように利用されるのでしょう。その一つが給湯などに利用する熱源としての用途で、もう一つが動力源としての用途です。

ここでは、動力源として重要な役割を果たす「蒸気」について、詳しく見ていきましょう。

蒸気の持つ特徴の一つに、体積の膨張があります。通常の大気圧中では、１００℃の水１kgを沸騰させて全てを蒸気に変化させた場合、１００℃の蒸気１kgの体積は元の水１kgの体積の約１７００倍になります。この体積変化は蒸気の特徴であると同時に、ボイラーの作り出すエネルギーの特徴であるとも言えます。このように大気圧では約１７００倍の体積になる蒸気が、密閉された容器であるボイラー内に閉じこめられると、蒸気が容器の外に出ようとする力も非常に大きくなります。そこで、蒸気を取りだすための出口を設けると、蒸気は出口から勢いよく噴き出すこととなり、この噴きだす力を利用することで動力源として活用できるようになります（一方で、危険なボイラー事故を引き起こすことにもつながります）。さらに、沸騰して蒸気を発生し始めた温水は、加熱を続けても温度は上昇することなく蒸発し続けます。そして、全てが蒸発しても加熱を続けると、さらに大きなエネルギーを蓄える蒸気となります。

**要点BOX**

- ●ボイラーのエネルギーは熱源と動力源になる
- ●蒸気になる時の体積変化がエネルギーに変わる
- ●蒸気を加熱し続けると過熱蒸気になる

## ボイラーが作り出すエネルギーの用途

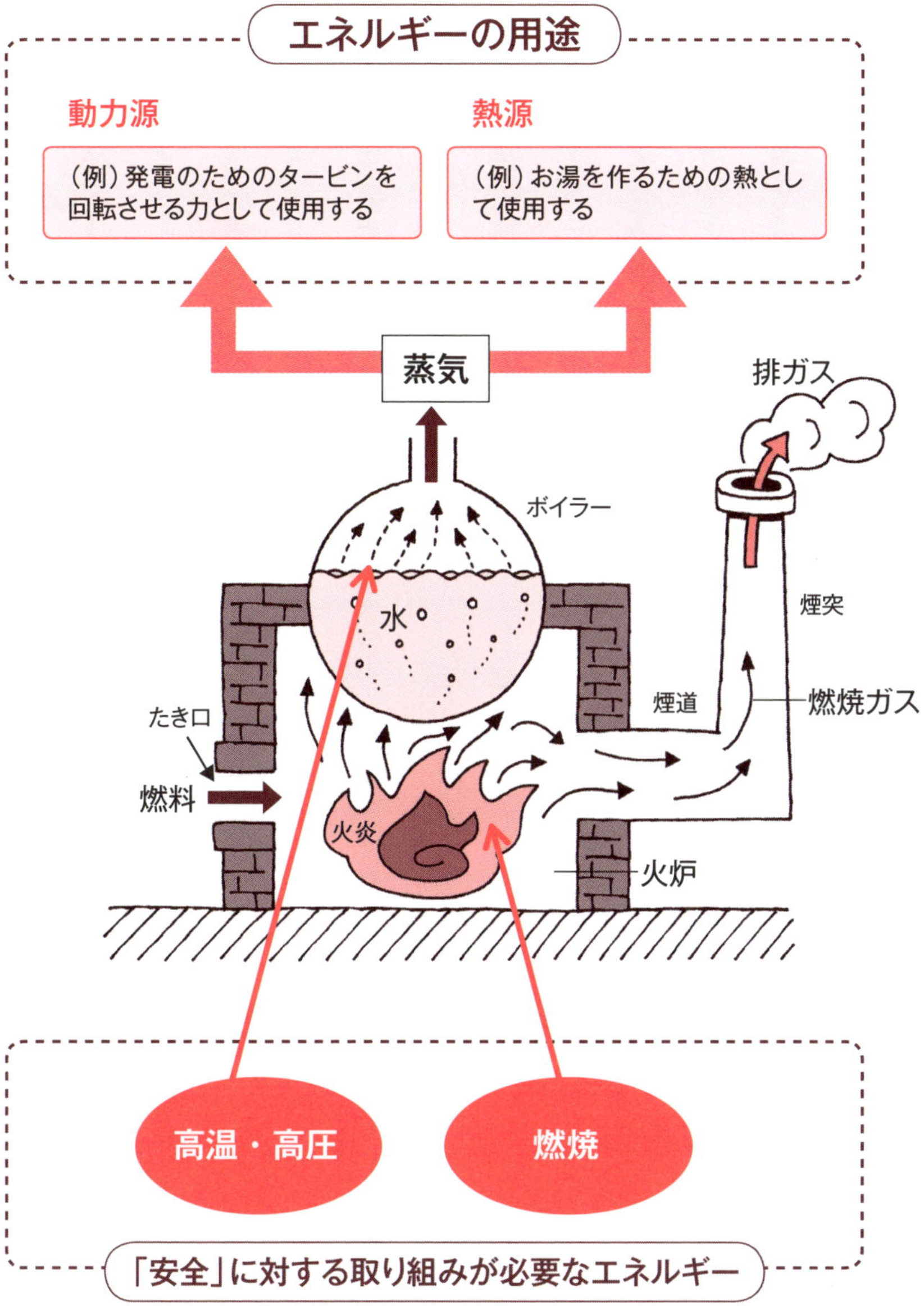

# 11 蒸発で生まれるエネルギー

通常の大気圧中において、ヤカンに水を入れて加熱を始めると、水の温度は少しずつ高くなり温水になります。さらに加熱し続けると、温水の温度は100℃の沸点に達します。この沸点に達した温水をさらに加熱すると、温水は蒸発し始め、ヤカンの口から水蒸気を吹きだし始めます。さらに、ヤカンの蓋が持ちあがり水蒸気を吹きだします（10項で示した、水から蒸気に変化した時の体積の膨張によるためです）。この間、沸点に達した温水の温度は100℃で一定に保たれ、水蒸気を発生するに伴ってヤカンの水は少しずつ減少し、やがて全ての温水が蒸発して無くなります（ボイラーにおいても全く同様の変化が起っています）。

　こうした変化で重要なことは、加熱された水が温度上昇により温水に変化している間も、また温度の上昇が止まり温水から水蒸気に変化している間も、常に加熱され続けていることです。すなわち、水は加熱により温水や蒸気になり、その変化した温水や蒸気の内部に、加熱によって与えられたエネルギーを蓄えた状態にあるということです。

　この与えられる熱量と温度変化の関係を、縦軸に水の温度、横軸に水1kgに与えられる熱量（kJ）をとりグラフに描くと、左のようになります。このグラフから、沸点に達した温水が全て蒸気になるまでに費やされる熱量は、0℃の水が沸点に達するまでに費やされた熱量の5倍以上必要となることがうかがえます。このことから、ボイラーによって作り出される蒸気には大量のエネルギーが蓄えられることがわかります（ボイラーは、蒸気の持つエネルギーを取り出し、いろいろな用途に合わせて利用しているのです）。なお、全ての水（温水）が蒸気になった後も引き続き加熱すると、発生した蒸気は、グラフのように再び温度の上昇を始め、さらに高温で大きなエネルギーを持つ蒸気に変わっていきます。

**要点BOX**

- ●ボイラーの基本はヤカンの湯沸かしと同じ
- ●温水や蒸気にエネルギーが蓄積されている
- ●水が蒸気に変わるには大きな熱量を必要とする

## 大気中の水の温度変化と熱量の関係

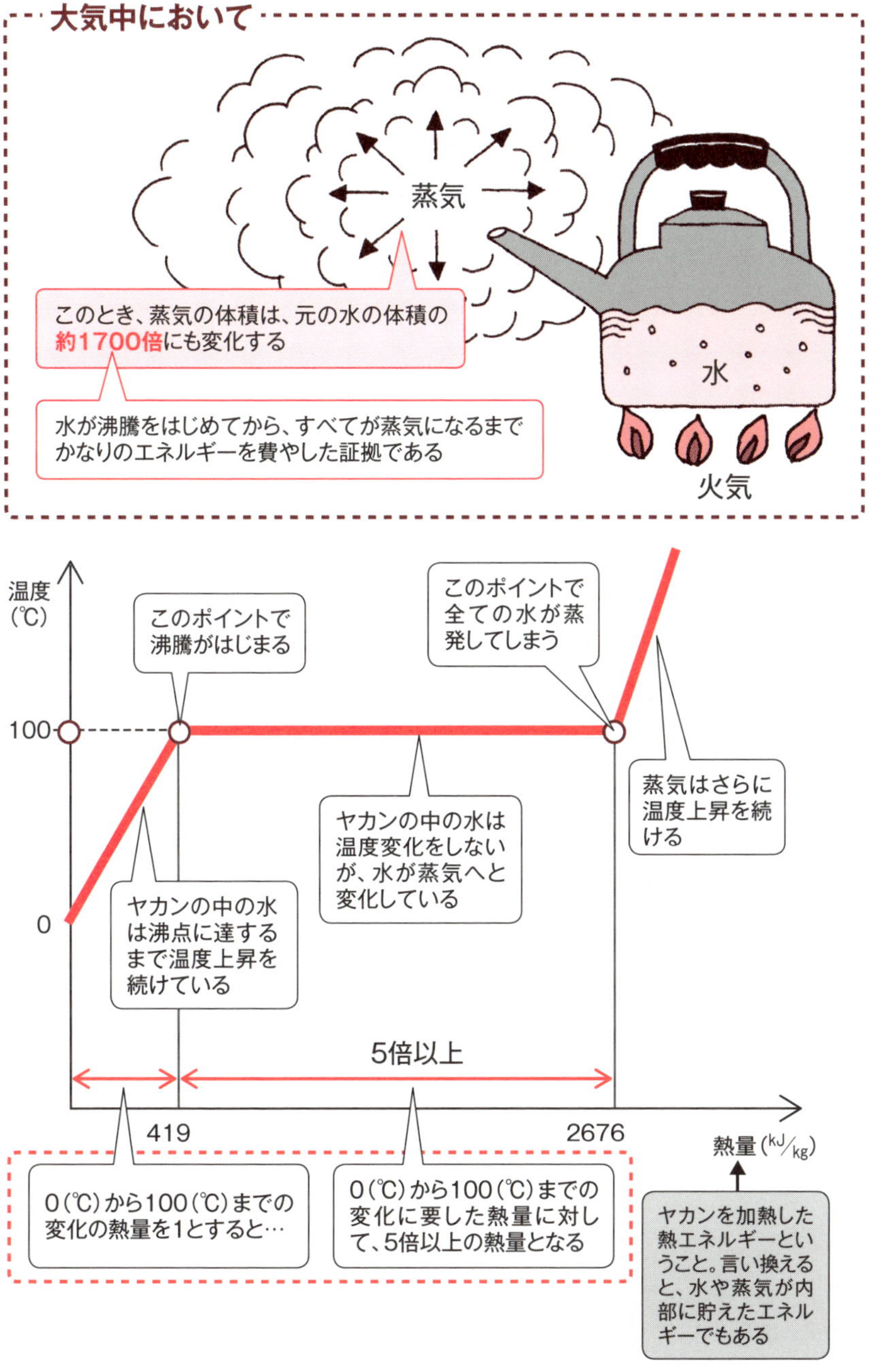

# 12 ボイラー関連で使われる用語



ボイラー水を取り扱う場合や、水を加熱して蒸気を発生させている場合の温度変化と水に与えた熱エネルギーの関係のグラフを利用する時、使用される特殊な表現の用語は、次のように定義づけられます。

**飽和温度**：沸騰が始まる温度、すなわち沸点のことです

**飽和水**：沸点に達した時の水です

**湿り蒸気**：蒸気に水が少し混じった状態の蒸気です

**飽和蒸気**：沸点の状態の蒸気です

**乾き飽和蒸気**：水分を含まない蒸気です

**過熱蒸気**：飽和蒸気をさらに加熱した、沸点よりも高い温度の蒸気です

**顕熱**：水を加熱して蒸気を発生させていく過程で、水の温度上昇に使われた熱エネルギーです

**潜熱（蒸発熱）**：水を加熱して蒸気を発生させていく過程で、飽和水から飽和蒸気への状態変化に使われた熱エネルギーのことです。

では、これらの用語を、水を加熱して蒸気を発生させている時の温度変化と水に与えた熱エネルギーの関係のグラフで確認しましょう（これにより、こうした用語が定義づけられた意味がよくわかります）。ここで注目しておくべき点は、大気圧状態において0℃の水が飽和水になるまでの顕熱が1kg当たりで419kJで、飽和水から飽和蒸気になるまでの潜熱が1kg当たりで2257kJと約5倍の違いがあることです。

また、このようなグラフを利用する時、水にかかる圧力がどの程度なのかを把握しておくことはとても重要です。なぜなら、水にかかる圧力が変化すると飽和温度が変化し、顕熱や潜熱の値も変化するからです。これは、ボイラーが作り出す蒸気を利用する上で理解しておかなければならない重要な性質となります。

**要点BOX**
- ●ボイラーに関する特殊用語を覚えておく
- ●顕熱は温度変化、潜熱は状態変化
- ●圧力によって飽和温度や顕熱・潜熱の値が変化する

## 大気中の水の温度変化と熱エネルギーの関係

顕熱……………………物体の温度上昇に費やされる熱

潜熱……………………物体の状態変化に費やされる熱

→温度変化は起こらない

比エンタルピ……水1kg当たりの温度変化や状態変化で必要となるエネルギー

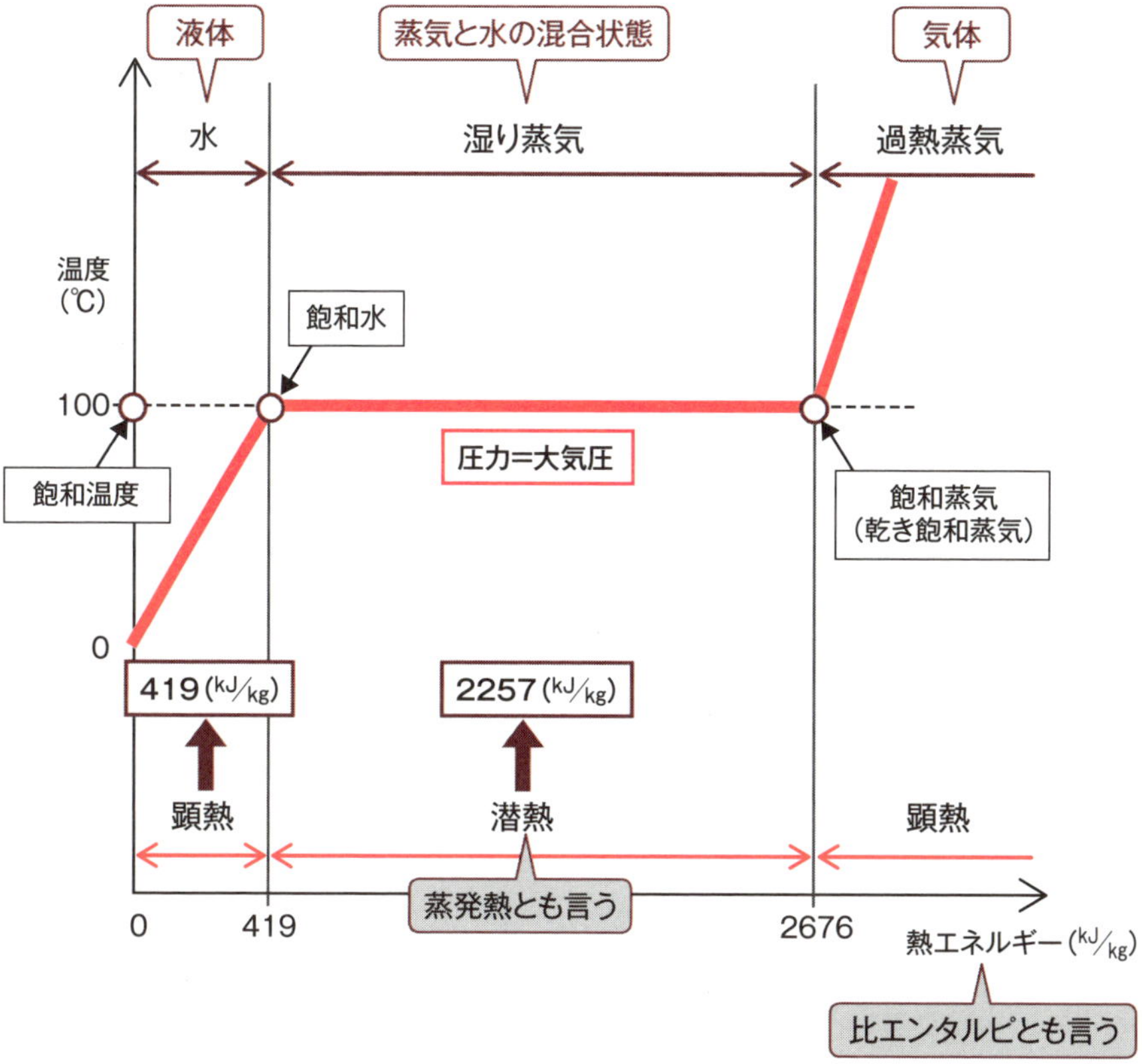

# 13 圧力と飽和温度の関係性

## 蒸気表と蒸気圧曲線

大気圧中で水を加熱する場合、水を加熱した時の温度の変化を縦軸に、水に与えた熱エネルギーを横軸にしてグラフにすると、12項でも示した1つの関係（左ページ上グラフの大気圧状態におけるライン）が求まります。ただ、この関係は、あくまで大気圧中における変化を表したもので、実際のボイラーにおいては、通常、大気圧力よりも高い圧力で蒸気を発生させることが多いのです。

そこで、大気圧力よりも高い圧力条件における関係を描いてみると、左ページ上グラフのように圧力が高くなるにしたがい、飽和温度が高くなっていることがわかります。同時に、それぞれの圧力条件下における顕熱と潜熱も少しずつ変化していることがわかります。このことは、ボイラーが作り出す蒸気のエネルギーを有効に利用するために重要となります。

しかし、圧力条件と飽和温度、顕熱と潜熱の関係を、式を用いた計算によって導くことは容易ではありません。そこで、あらかじめ実験結果に基づいた数値表を作成します。この表のことを「蒸気表」と呼び、蒸気を取り扱う上でなくてはならない情報です（蒸気表だけでも1冊の本になり、市販されています）。

さらに、飽和温度とその温度に対する圧力の関係を蒸気表から読み取り、1本の「蒸気圧曲線」と呼ばれる曲線を描くことができます。この蒸気圧曲線を利用すると、温度と圧力の条件を与えれば、その時の装置内の状態を容易に把握することができるのです。蒸気圧曲線は、各圧力における飽和温度を記録した点の集まりであり、縦軸を温度、横軸を圧力としたグラフにおいて蒸気圧曲線よりも下の領域は水、上の領域は過熱蒸気ということになります。例えば、装置の中を測定した結果、温度が250℃で圧力が1MPaだったとすると、このグラフから、装置の中は過熱蒸気になっていることがわかります。

**要点BOX**

- ●ボイラー内は大気圧中より高い圧力がかかる
- ●圧力と飽和温度などの関係は蒸気表で確認
- ●蒸気圧曲線で装置内部の状態を把握する

## 圧力を変化させた時の水の温度変化と熱エネルギーの関係

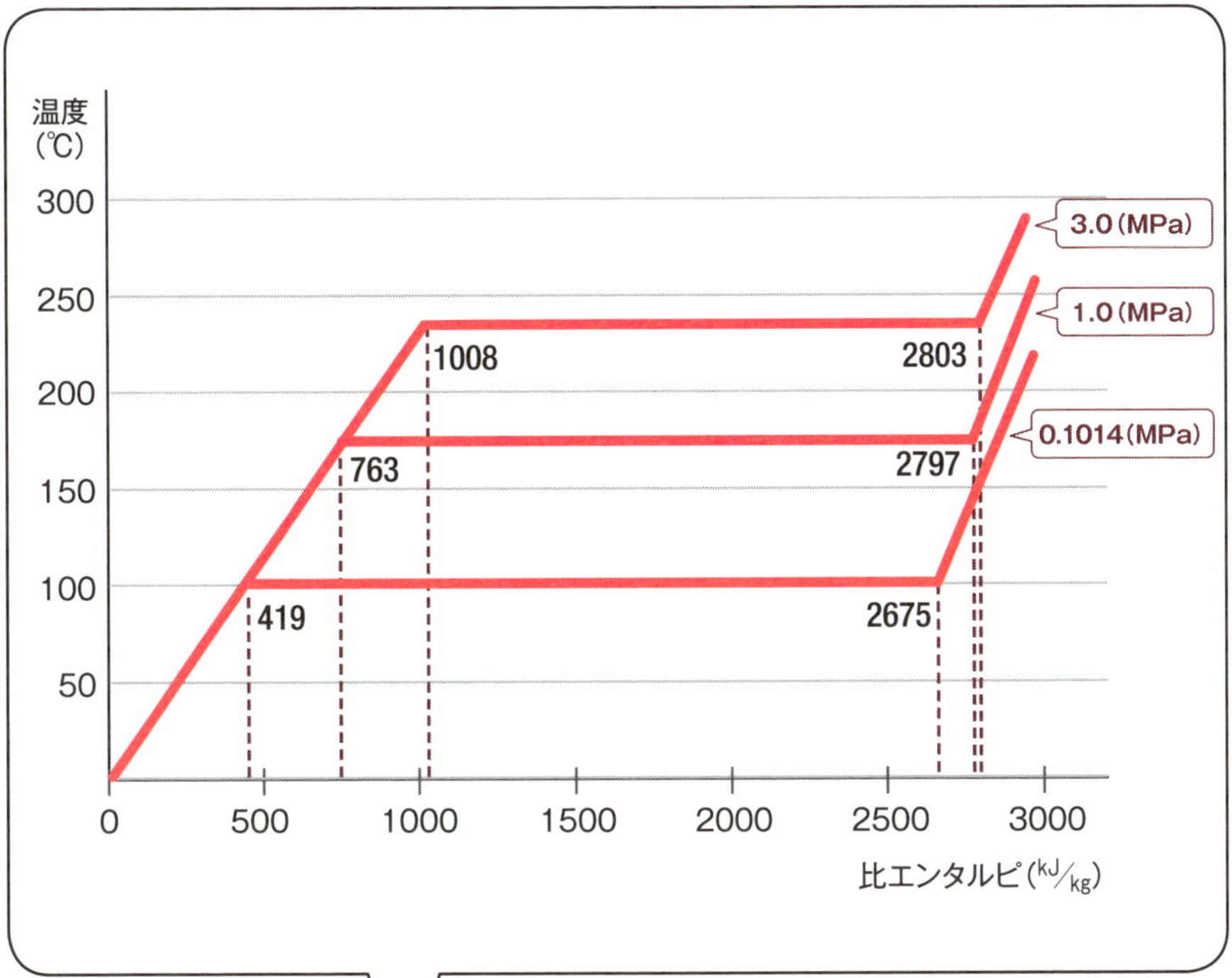


**蒸気表（抜粋）**

| 圧力（MPa） | 飽和温度（℃） | 比エンタルピ 飽和水（kJ/kg） |
|---|---|---|
| 0.1014 | 100 | 419.1 |
| 0.2 | 120.2 | 504.7 |
| 0.5 | 151.8 | 640.2 |
| 1.0 | 179.9 | 762.7 |
| 3.0 | 233.9 | 1008.4 |

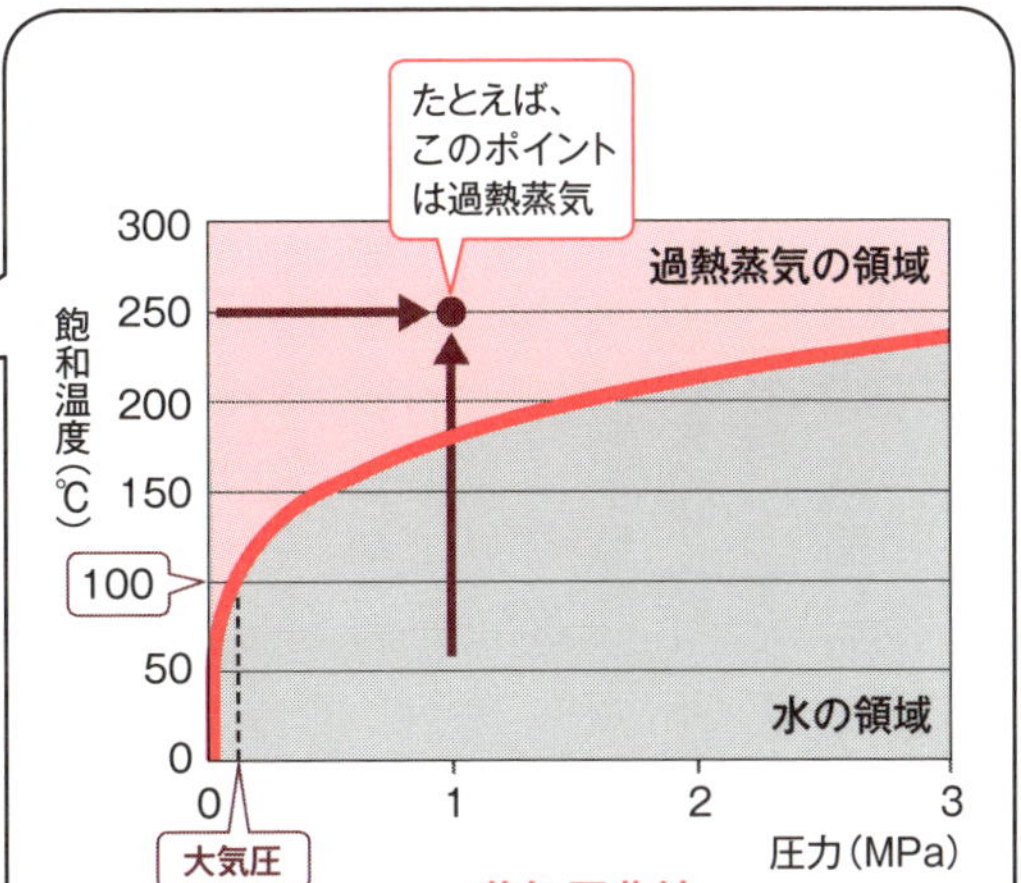


蒸気圧曲線

# 14 熱の移動の種類

## 「伝導」「伝達・対流」「放射」

　ボイラーは、水を加熱して蒸気や温水を作り出す装置です。したがって、装置内部には、水を加熱するための火気のある「燃焼室」という空間と、この燃焼室に隣接するようにボイラーの水が用意されています（この火気と水の温度には大きな差があり、その差によって熱エネルギーは移動することになります）。すなわち、温度の高いところから低いところへ熱が移動するということになるのです。このことを熱力学的（熱力学の第二法則）に言えば、「自然な変化（移動）の方向性に任せている限りにおいては、温度の高いところから低いところにしか熱は移動しない」ということになります。この熱の移動の具体的な形態を見ていくと、「伝導」、「伝達・対流」、「放射」の3つの種類があります。

　まず、熱の「伝導」は、金属などの固体の中を順次熱が伝わっていく現象です。ボイラーにおいても、燃焼室とボイラー水を隔てる伝熱用の金属壁の鋼板があり、鋼板の中を熱が移動する現象がこれに当たります。ちなみに、伝熱用となる鋼板のように、熱を水や蒸気に伝える部分のことを「伝熱面」と言います。

　一方、「伝達・対流」は、伝熱面となる金属のような固体と、金属の表面に接する水のような流体との間に生じる熱の移動（伝達）、そして熱をもらった流体自体が移動していく現象（対流）です。実際のボイラーにおいても、伝熱面近くの水へ熱が移動することで水の温度が上昇、これによりボイラーの中の水自体が移動する（循環する）という動きで熱の移動が行われます。

　また、「放射」は、物体の持っているエネルギーの一部が電磁波という形で放出され、もう一つの物体に当たることで吸収されて熱が移動する現象です（ストーブから離れていても体が温まる場合と同じです）。ボイラーでは、火気による熱が燃焼室の伝熱面に伝わる現象のことになります。

**要点BOX**

●ボイラーには熱の移動が使われている
●ボイラー内部には燃焼室と水が備えられている
●熱の移動は「伝導」「伝達・対流」「放射」の3つ

## 熱の移動の形態

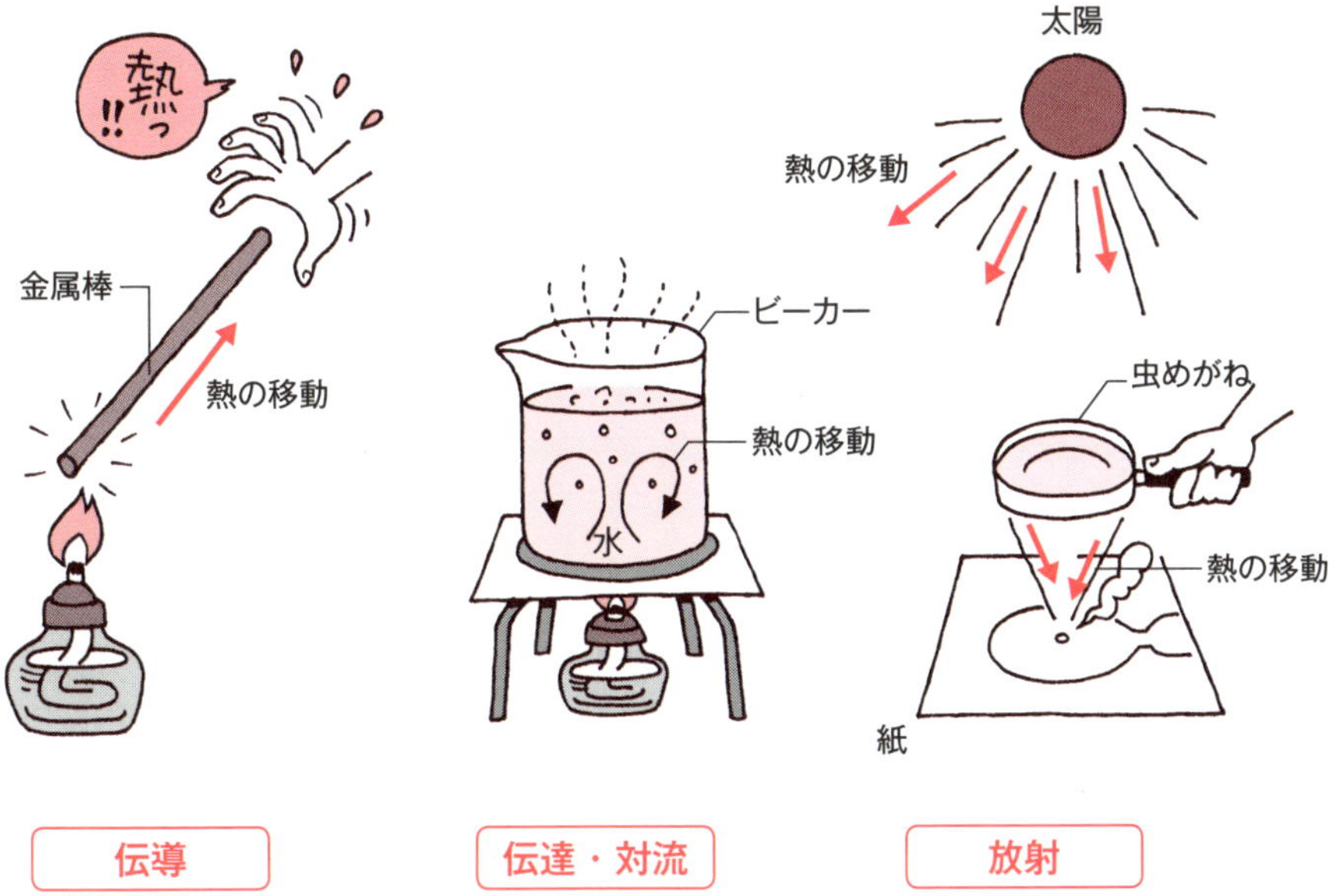


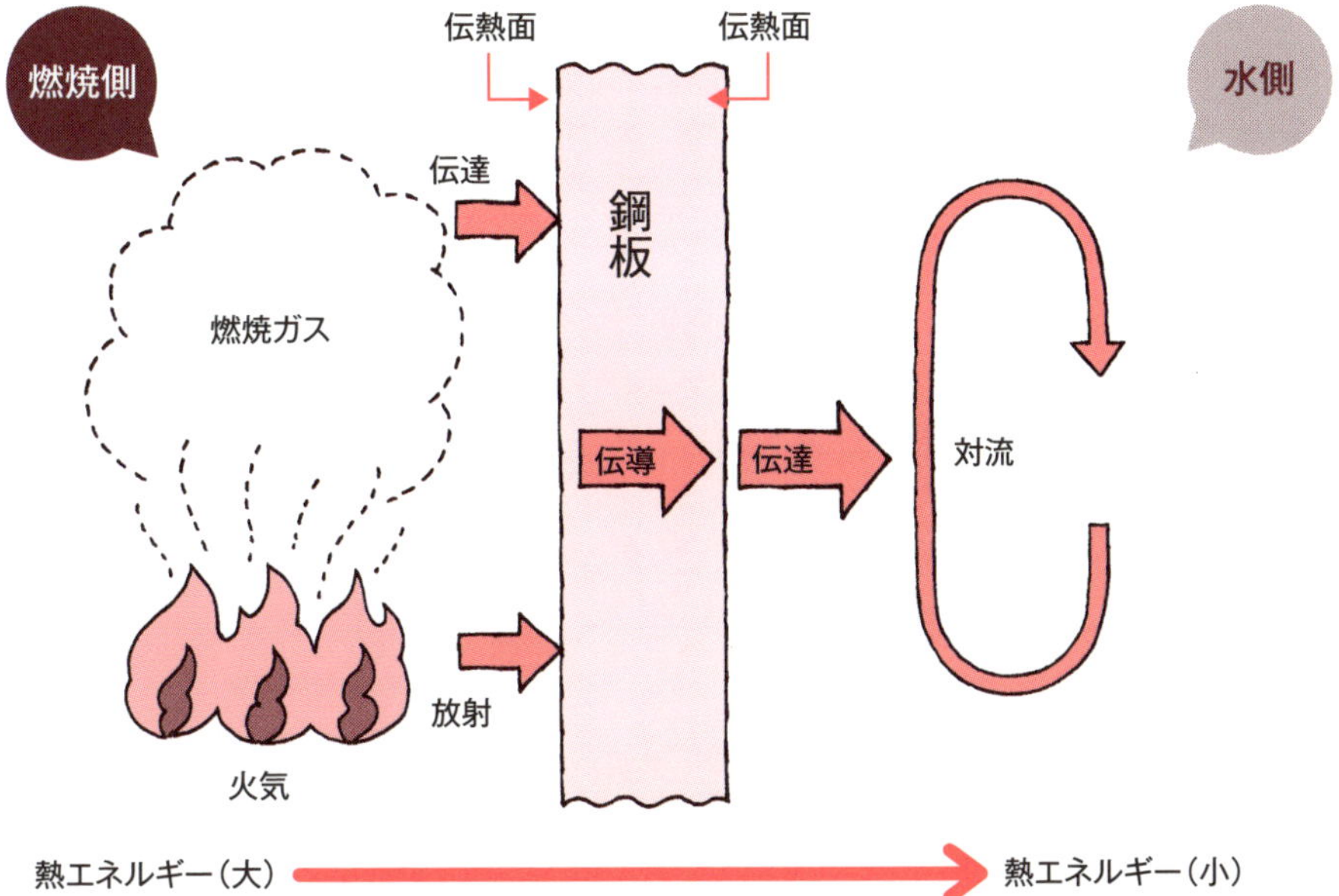


温度の高い側から低い側に熱が移動する

# 15 ボイラー内で起こる水の循環

## 循環（対流）現象

　ボイラー内部で水が沸騰している時、熱が伝わる面（伝熱面）の水側表面温度は、飽和温度にほぼ等しい180℃になっています。これに対し、伝熱面の燃焼側表面温度は、燃焼室の火炎が1300℃を超える温度であるにもかかわらず、水側表面温度より30〜50℃高いだけの低い温度に保たれています。

　これは、高温の燃焼側から、低温の水側へ熱エネルギーがスムーズに移動しているためです。この熱の移動において、重要な役割を果たしているのが、固体とその表面に接する流体における「伝達と対流」の現象です。すなわち、低温の水側では、伝熱面である固体表面から水へ熱の移動（伝達）が行われ、温度が上昇した水の密度は減少します。これにより発生する密度の異なる水の存在で、水が常に移動する循環（対流）という現象が発生します（ヤカンの水が、加熱により渦を巻くように移動している現象です）。

　蒸気ボイラーでは、沸点に達したボイラー水に発生した気泡の上昇で、循環の効果が大きくなります。このボイラー水の循環のおかげで熱の移動がスムーズに行われ、先に述べた燃焼側の伝熱面の表面温度が低い温度に保たれるのです。この時、ボイラー水の移動が鈍い（言い換えれば、ボイラー水の循環が悪い）場合はどうなるでしょう。ボイラー水は、基本的に、熱の移動で飽和温度に達しています。すなわち、水側の伝熱面の表面では蒸気泡が発生しています（ここで重要なことは、沸騰している水より蒸気の方が熱伝導が悪いということです）。

　この蒸気泡を含んだボイラー水の循環が悪いと、熱の移動がスムーズに行われず、結果的に伝熱面付近の蒸気泡の割合が増えることになります。また蒸気泡が伝熱面付近に増える影響で伝熱面が過熱され、ボイラー本体の酸化や焼損、最悪は破裂する可能性にもつながります。こうしたことから、水の循環は、ボイラーにとって大変重要な役割があるのです。

**要点BOX**

- ボイラー内部の水は循環（対流）している
- 循環（対流）が水側表面温度の上昇を防いでいる
- 蒸気泡の割合増加はボイラーの破損につながる

## ボイラー電熱面における表面温度の例

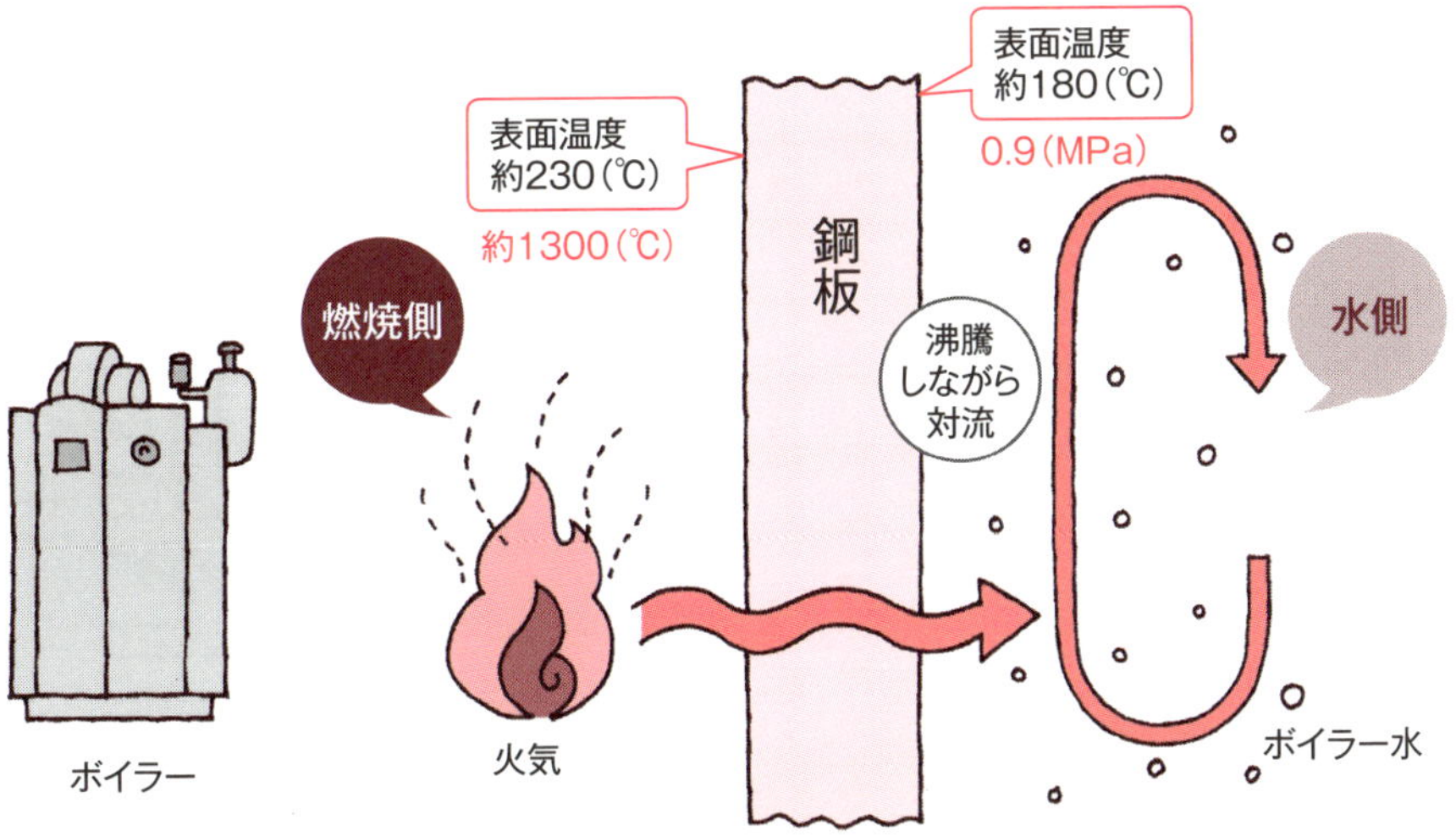


スムーズな熱移動が行われている時

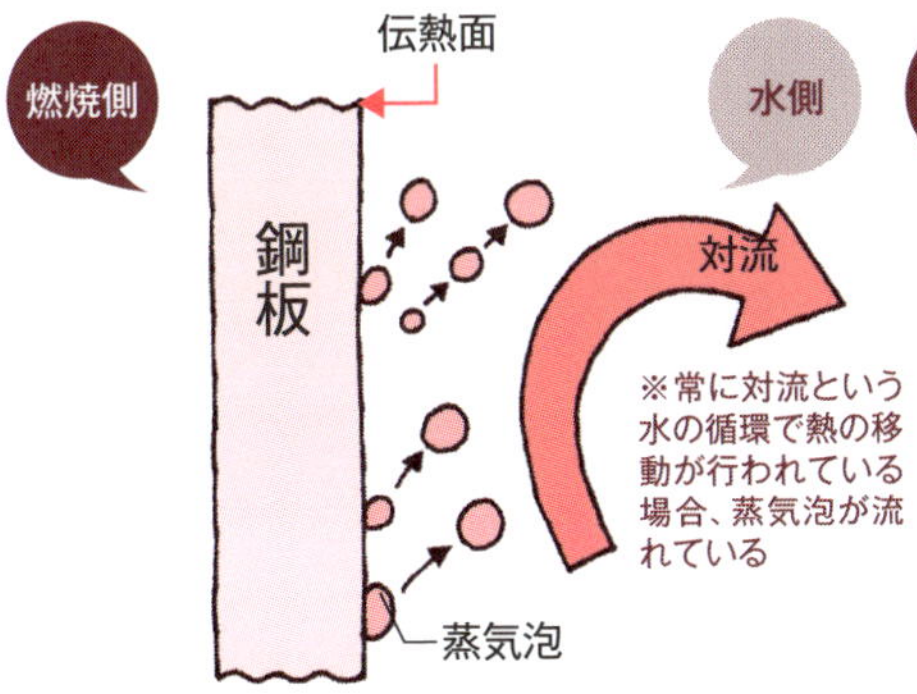


a）熱の移動がスムーズな場合
（→水の循環が良好）

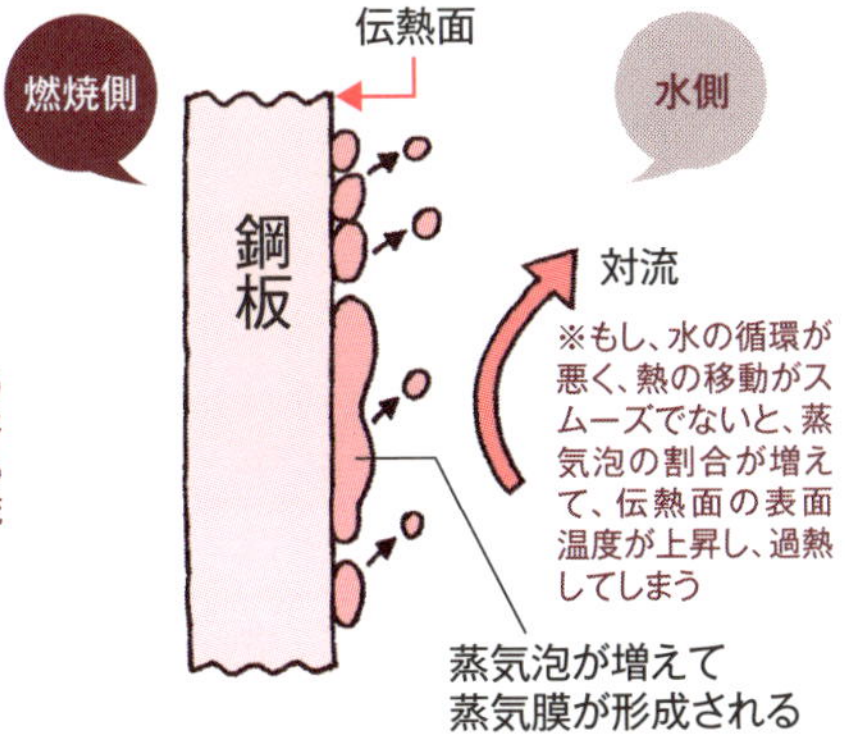


b）熱の移動がスムーズでない場合
（→水の循環が鈍い）

## 各種物質の熱伝導率（単位：W/m・k）

| 物質名 | 熱伝導率 |
|---|---|
| 鋼材 | 46 |
| 水（180℃） | 0.73 |
| 空気（180℃） | 0.03 |
| 蒸気（180℃） | 0.024 |

蒸気はすすやスケールと同じように熱伝導率が小さい

（出展：『伝熱工学資料』（機械学会）の物性値を参考に作成

# 16 ボイラーの性能を示す指標

## ボイラー容量とボイラー効率



　ボイラーの性能を比較するための表現方法には、「ボイラーの容量」、「ボイラー効率」、「ボイラーの蒸発性能」、「ボイラーの燃焼性能」などの言葉が使われます。これらの中でも、ボイラーを理解するために欠かすことのできない指標（カタログを見ると必ず記載されている）のが、「ボイラーの容量」と「ボイラー効率」です。

　「ボイラーの容量」とは簡単に言えば、ボイラーが単位時間当たりに最大どれだけの蒸気を発生させることができるかという値で、単位は「kg／h」または「t／h」になります（温水ボイラーでは単位時間当たりに発生する熱量となり、「GJ／h」または「MJ／h」で表します）。例えば「このボイラーは、10トンボイラーです」という表現で使われますが、ここで注意しなければならないことは、ボイラーの容量には、実際にボイラーから出てきた蒸気の量（実際蒸発量）と換算蒸発量の二種類があるということです。

　換算蒸発量は、運転条件の異なるボイラーの容量を正確に比較することができるようにしたものです。例えば、単位時間当たりに同じ圧力、同じ温度、同じ量の蒸気を発生している2つのボイラーがある時、蒸気を作り出すために必要となるボイラーへの給水の温度に違いがあるとしたら、給水温度の低いボイラーの方が、高いボイラーよりも能力が高いはずです。この違いを換算蒸発量を使って「容量が大きい」と表現するのです。

　一方、「ボイラー効率」は、ボイラーに供給した燃料を燃焼させることで得られる熱量（入熱）に対する発生した蒸気が吸収した熱量（出熱）の比率を言い、%で表現します。このように、ボイラー効率は文字どおりボイラー自体の熱の効率を表す数値となります（この値が大きいほど、効率よく蒸気を発生しているということになります）。すなわち、この値は省エネにつながる重要な目標数値になります。

**要点BOX**

- ●ボイラーの容量は2つの数字で表される
- ●換算蒸発量はボイラー同士の比較に役立つ
- ●ボイラー効率は省エネのための目標値になる

## ボイラー容量とボイラー効率

### （公式）ボイラーの容量

$$Ge = \frac{G(h_2 - h_1)}{2257}$$

2257（kJ/kg）で割ることで、「大気圧下で、100℃の給水で100℃の飽和蒸気を発生」したものとして換算したという意味

- $Ge$（kg/h）：換算蒸発量
- $G$（kg/h）：実際蒸発量
- $h_1$（kJ/kg）：給水の比エンタルピ
- $h_2$（kJ/kg）：発生蒸気の比エンタルピ
- 2257（kJ/kg）：換算蒸発量を算出するための基準となる量

物体1kg当たりの保有している熱量のこと

2257（kJ/kg）という中途半端な数値になっているが、「大気圧下で、100℃の飽和水から100℃の飽和蒸気を発生させるのに必要な熱量」のことである

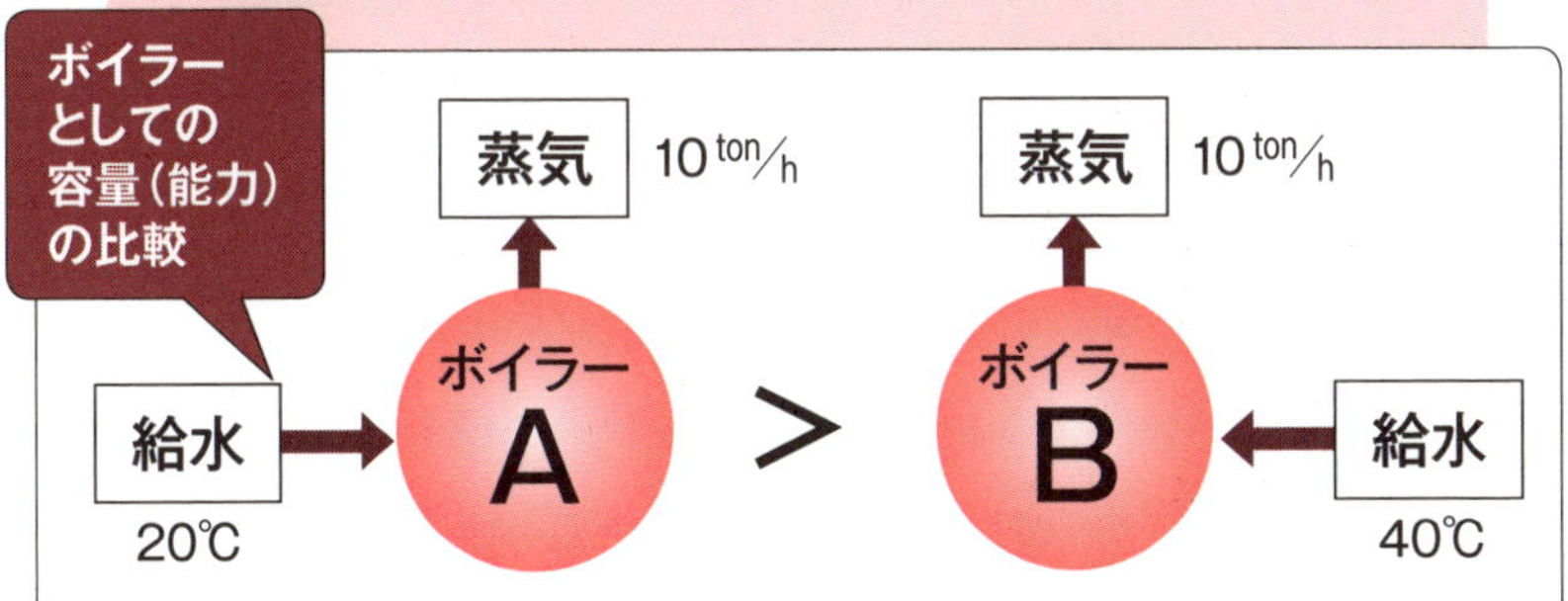


※この場合、ボイラーAの方がボイラーBよりも給水温度が低いので、ボイラーAがボイラーBよりも能力が高いと評価します（容量が大きいと評価します）

### （公式）ボイラー効率

$$\eta = \frac{G(h_2 - h_1)}{B \cdot H_\ell} \times 100$$

- $\eta$（%）：ボイラーの効率
- $B$（kg/h）：燃料消費量
- $H_\ell$（kJ/kg）：燃料の低発熱量

一般に燃料の発熱量は燃焼ガス中の水蒸気の蒸発熱量を含んでいるが、ボイラーにおいて水蒸気の蒸発熱量は利用していないので、これを控除した低発熱量を用いる

Column

# ボイラーで起こる変化を理解しよう！

ボイラーは、燃料を燃焼させることによって得られる熱エネルギーで水を加熱し、温水や蒸気に変化させる装置です。したがって、ボイラーを取り扱う場合、ボイラーで起こっているこうした変化を、しっかりと理解しておくことが必要です。

まず、水が沸騰し蒸気を出し始めると、沸騰している温水はすべて蒸気になるまで沸点の100℃を一定に保ち続けます（この間の変化に費やされる熱エネルギーは、水を0℃から100℃まで上げるのに費やされるエネルギーの5倍以上必要であり、蒸気にはそれだけ大きいエネルギーが蓄えられます）。

さらに、蒸気は大気圧で同じ量の水の約1700倍の体積になります。これは蒸気の特徴であると同時に、ボイラーの作り出すエネルギーの持つ体積変化という大きな特徴です。すなわち、密閉された容器であるボイラー内に閉じこめられた蒸気を容器の小さな出口から放出すると、蒸気は出口から勢いよく噴き出し、この力が大きな動力源となります（一方で、そのエネルギーは、ボイラー事故の危険性にもつながります）。発生した蒸気をさらに加熱し続けると、蒸気の状態は変化せず、温度の高い過熱蒸気となり、さらに大きいエネルギーを蓄えることになります。すなわち、過熱蒸気を使用すれば、より大きな力の動力源として使用でき、また100℃以上の蒸気での殺菌加熱などに利用できるようになります。

ボイラーに必要な熱エネルギーに関してのもう一つの重要な現象が熱の伝わり方です。この熱の伝わり方には、「伝導」、「伝達・対流」、「放射」の3つの種類があります。熱の「伝導」は、熱源と水の間にあるボイラー本体の金属の中を、熱が順次伝わっていく現象です。また、「伝達」は高温体に接触した水が熱をもらう現象です。「放射」は物体の持っている熱エネルギーの一部が電磁波という形で放出され、もう一つの物体に当たることで吸収されることで熱が伝わる現象です。これらの熱の伝わり方を効率良くすることで省エネが可能となります。

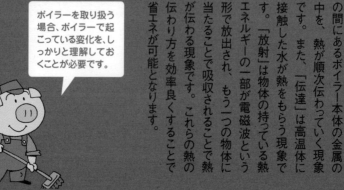

# 第3章

# ボイラー製作の基礎

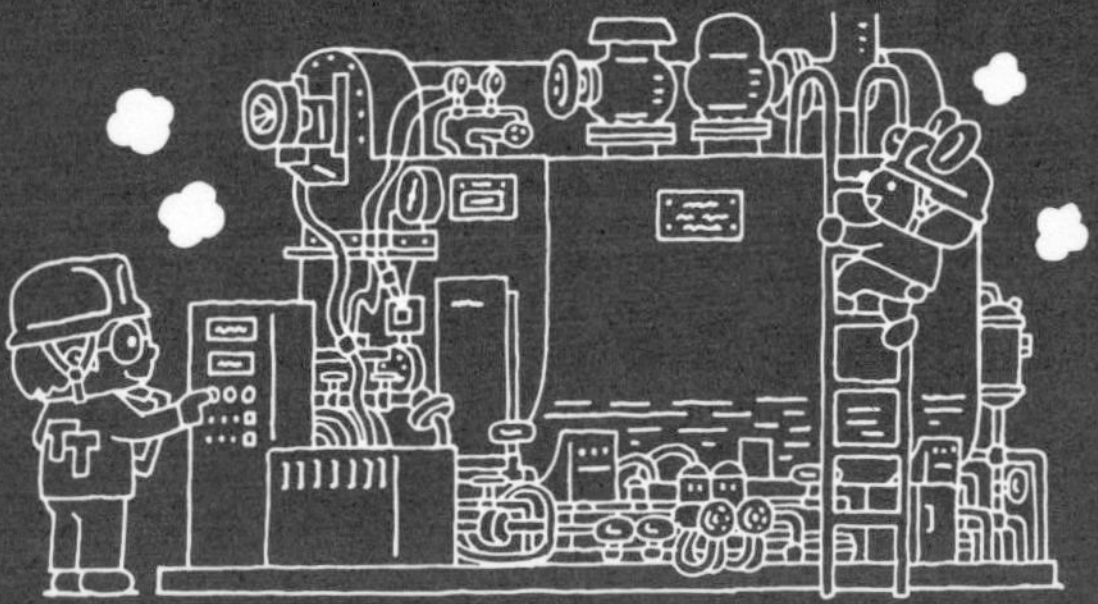

# 17 ボイラー製作における品質管理

通常、ものづくり製品は、設計や各種加工、各工程での検査などを経て製品となります。しかし、溶接で製作される製品では、作られた製品の品質がそれぞれの工程後の試験や検査では十分に確認できず、製品を使用している段階で不良部が欠陥として現れることがあります。こうした溶接を利用する工程は「特殊工程」と呼ばれ、特殊な品質管理が必要となります。したがって、溶接工程が製作上不可欠で、さらに製品の安全性が重要視されるボイラー製作では、溶接を含めた品質管理が特に重要となります。

### (1) 製品の製作工程

溶接工程を含むものづくりでは、①受注、②受注製品に対する品質の設定（ものづくりでは、この品質の設定が重要で、これをあやふやにすると後の工程の目標値が不明確となり無駄な作業が増えることになります）、③設計、④製作計画、作業標準の作成、⑤製品製作、の手順で製作されます。

### (2) 作業標準の作成

特殊工程の溶接では、一般的な加工の作業標準に代わる溶接施工要領書（WPS）の作成が必要となります。WPSの作成に当っては、発注者などが立ち会う溶接施工法試験が次の手順で行われます。①製品素材の組み合わせ継手に使用する溶接材料・溶接条件で溶接した試験材を作成、②作成した試験材から引張り試験や曲げ試験などの試験片を取り出し、試験、③それぞれの試験結果が、目標の性能を満たしていることを確認（こうしておけば、同じ条件で溶接された製品の溶接部は、溶接施工法試験で確認された性能と同等と見なすことができます）、④溶接施工法試験で確認された各条件によるWPSが作成され、これが作業者の手順書となります。そして、このWPSどおりに作業が行われているかを溶接前、溶接中、溶接後に確認し、いつでも客観的に証明できるよう管理記録として残すことが必要です。

製品製作の流れ

**要点BOX**

- ●ボイラーの製作には溶接が使われる
- ●溶接の品質管理には特殊な管理が必要
- ●溶接にあたり溶接施工要領書を作成する

## 製品製作までの作業手順

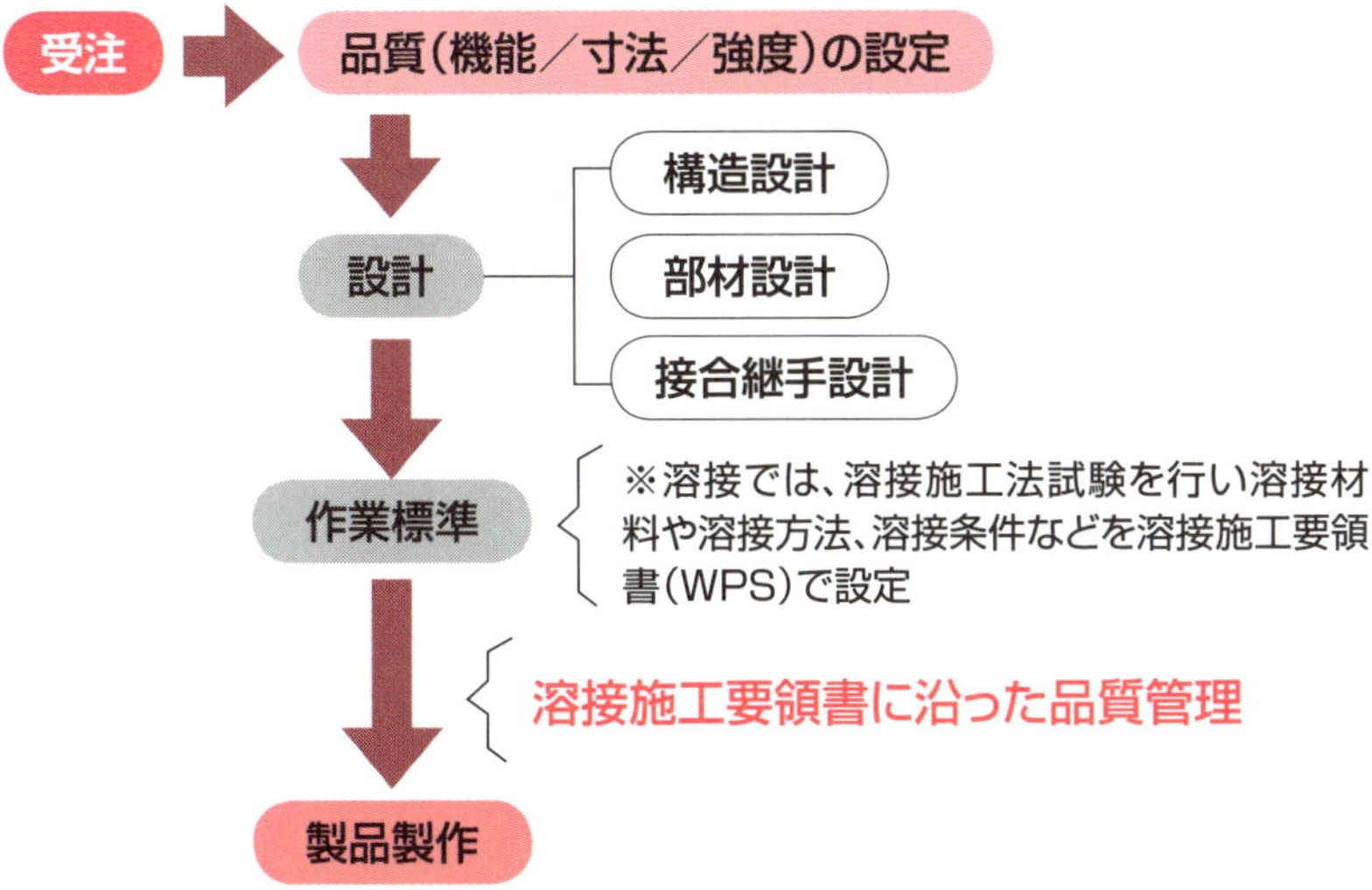


## ものづくり製品における品質保証の流れ

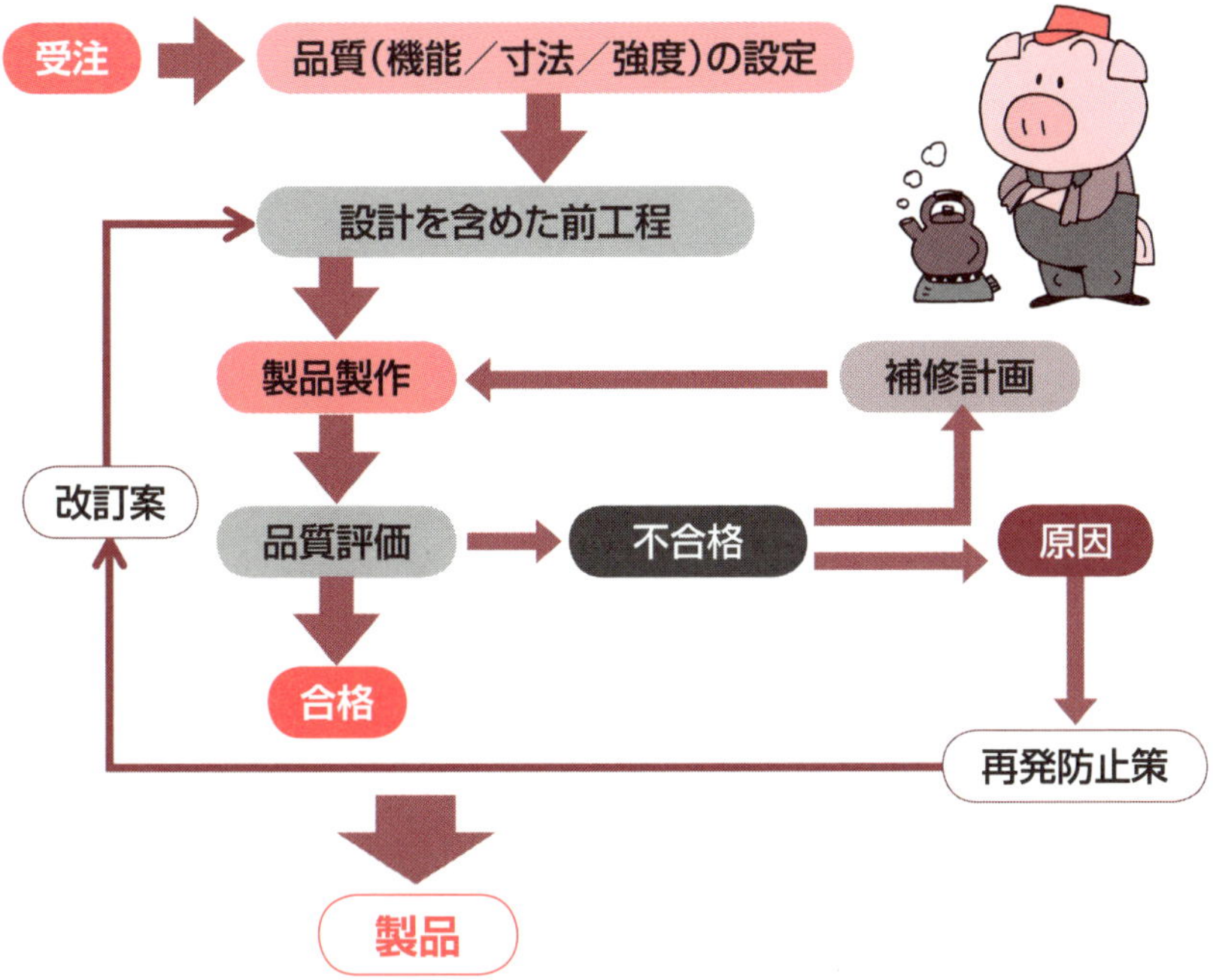

# 18 ボイラー製作に必要な材料の確認方法

## 分析試験や資料で確認

　ものづくりにおいて、使用する材料の情報を知っておくことは非常に重要です。したがって、日々の作業では、①使用している材料の化学成分やその含有量を知って作業を進めること、②指定された材料であることが確認できるよう分類し、保管しておくこと、が必要となります。

(1)材料の成分・組成を知る方法

　材料の成分や組成を知る方法には、①物理的、化学的な分析試験による方法、②材料購入時に入手できるミルシート（材料の成分や引張強さなどの機械的性質を記載した証明書）で知る方法、③JISの材料規格から見出す方法（製作図面中に記載されている材料の表示記号に相当するJIS材料を調べる）、などがあります。「分析試験による方法」は確実で正確ですが、装置や手順などの専門性から、従来は専門業者に委託していました。しかし、最近では、左図に示す小型の機器を製品材料表面に当てるだけで、分析結果が得られるようになっています。

　一方、現場で手軽に利用できる「資料による方法」には、上述のとおりミルシートやJIS材料規格で知る、などの方法があります。一般的なミルシートには、入手材料を示す事項や材料の規格名、機械的性質、化学的成分が表示されています。左表がJISの冷間延鋼帯（SPCF材）相当材の最初に記載されている材料を指定する事項で、表中の製鋼番号またはコイル番号（製品番号）と材料に表示されている材料番号が一致していることを確認します。

(2)成分表、材料の管理

　使用材料の成分表は、ものづくりの作業標準（溶接ではWPS）を決める際の指標となるだけでなく、加工中に発生した不良の原因究明や品質保証の証明などに利用できます。したがって、設計で使用する材料が決まった段階でこの成分表を準備し、製品出荷後も整理、保管が必要です。

**要点BOX**

- ●製作に必要な材料を知ることが重要
- ●分析試験は正確・確実な情報を得られる
- ●資料だと現場で簡単に調べられる

## 携帯式分析機による分析試験

**試験状況**

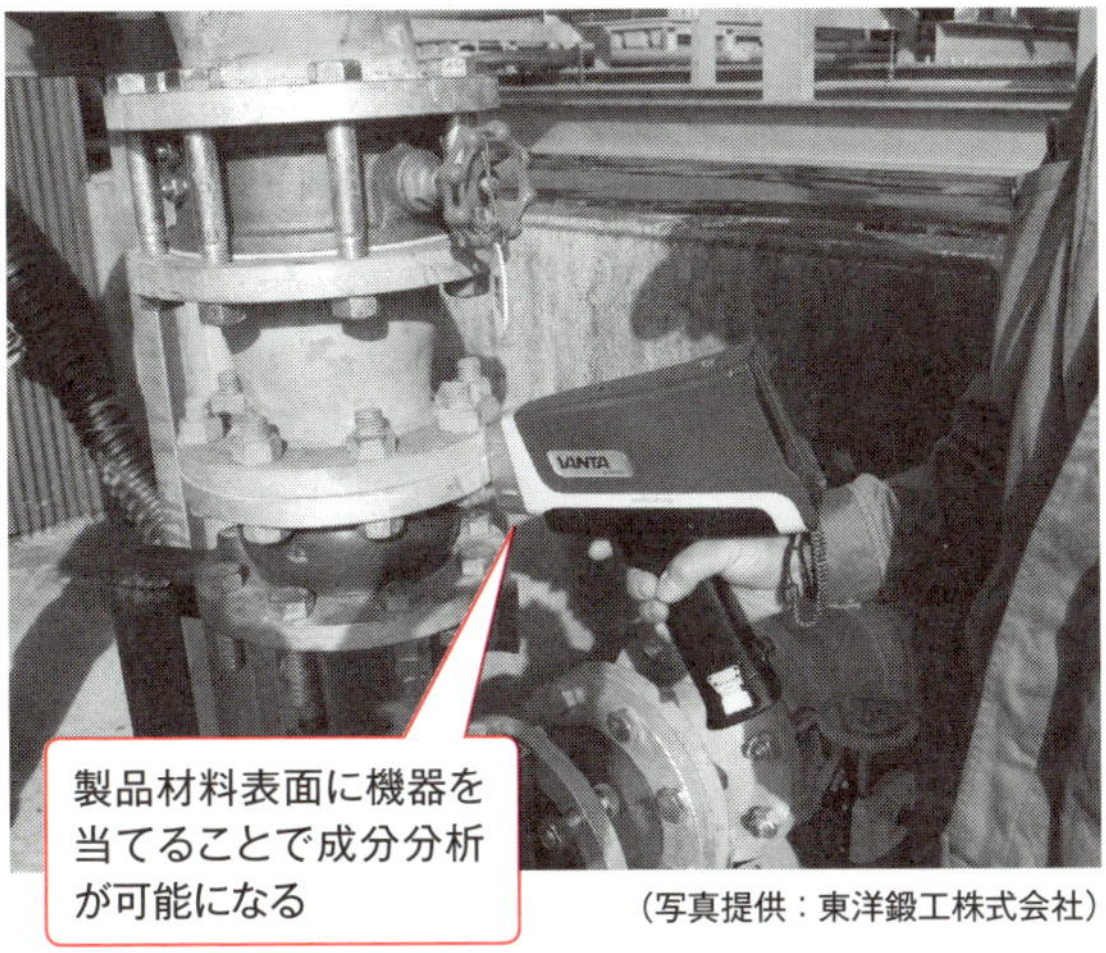

VANTA
製品材料表面に機器を当てることで成分分析が可能になる

（写真提供：東洋鍛工株式会社）

## ミルシート記載の材料指定事項例

ミルシートのいずれかの番号と材料記載の番号（多くはコイル番号）の一致で、両者が同一のものであることの確認を行う

| 製鋼番号 | 寸法 | | | | コイル番号（製品番号） | 試験番号 |
|---|---|---|---|---|---|---|
| | 厚さ(mm) | 幅（mm） | 長さ | 質量（kg） | | |
| H3642B7 | 1.99 | 914 | コイル | 7950 | 5029914 | 5029914 |

## ミルシート記載の材料の機械的性質、化学成分例

| 引張り試験（T·T）[GL（標点間距離＝50mm] | | | 化学成分（%） | | | | |
|---|---|---|---|---|---|---|---|
| 降伏点（耐力） | 引張強さ | 伸び | C | Mn | Si | P | S |
| Y·S（N/㎟） | T·S（N/㎟） | EL（%） | | | | | |
| 169 | 301 | 51 | 0.02 | 0.10 | 0.01 | 0.013 | 0.006 |

これらのすべての値は、JIS規定値範囲に入っている

# 19 非破壊試験で溶接欠陥を確認

## 製品を壊さず検査する方法



溶接作業の中で、溶接部に特有の欠陥（溶接欠陥）が発生し、製品の品質を低下させることがあります。非破壊試験では、材料や溶接部に発生している欠陥を、製品を破壊することなく検出できます。

良い溶接とは、外観的に満点で無欠陥であることでなく、製品に求められる品質を満足させる状態に仕上げられていることです。そこで、発生している欠陥が製品素材と比較して製品の強さにどのような影響があるかを非破壊試験結果から求めることにより、品質管理における欠陥の許容範囲を設定できるようになります。本項では、材料表面の欠陥検出を目的とする非破壊検査の方法について、概要を示します。

### (1)外観試験

外観試験は、材料の表面や溶接部の表面に発生しているきずや欠陥を、目視（きずの大きさや種類によっては拡大鏡や内視鏡などを使用して行います）で見つける極めて手軽で簡便な試験方法です。熟練した作業者による試験では、短時間で正確なチェックが行われ、ものづくり製品の品質管理においては不可欠な試験方法です。

### (2)浸透探傷試験

浸透探傷試験は、材料表面に開口している微小な割れなどのきずを薬剤を使用して検出する方法です。この試験では、まず開口している欠陥内に浸透液をしみ込ませ、その後表面の浸透液を除去して現像液をかけます。それにより欠陥部にしみ込んだ浸透液をにじみださせることで欠陥の存在を確認します。

### (3)磁粉探傷試験

磁粉探傷試験は、磁力により欠陥部を検出する方法です。磁性を示す鉄鋼材料などを磁化すると、表面あるいは表面直下にきずがあれば、きずの両端に磁極ができます。そこに微量の磁性を持つ酸化鉄などの微粉末を振りかけると、きずの磁極の個所に微粉末が集まるため、きずの存在が確認できます。

**要点BOX**

- 非破壊試験は製品を壊さず品質確認できる
- 表面のきずを検出する非破壊試験は「外観試験」「浸透探傷試験」「磁粉探傷試験」の三種類

## 内視鏡を使用する複雑構造製品の外観試験

（写真提供：オリンパス株式会社）

## 現像剤による現像処理

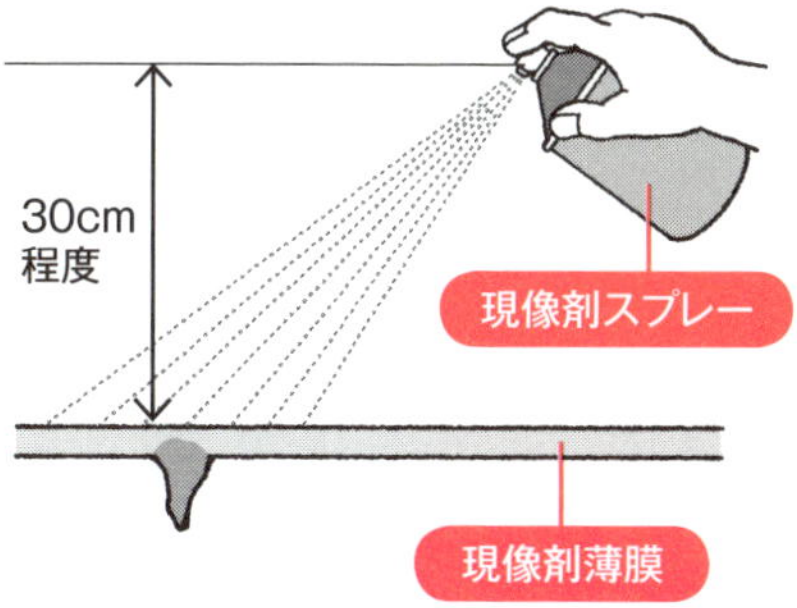


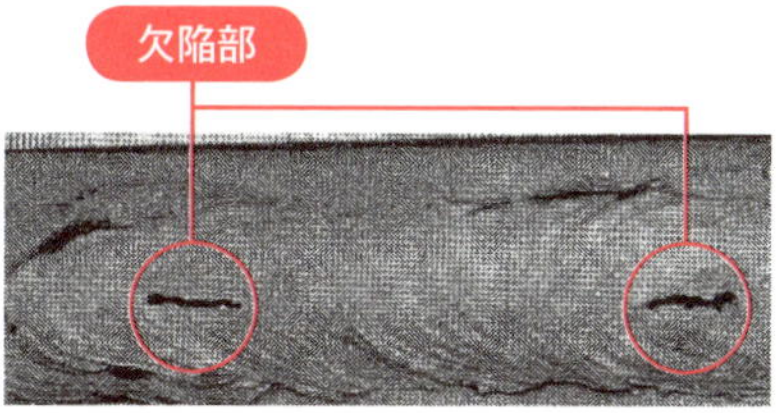


試験対象表面部に現像剤スプレーを30cm程度離れた位置から薄く均一に塗布し、上の写真のようにきず内部の浸透液が現像剤の薄膜に染み出してきた状況を観察することで欠陥を見出し、種別や大きさを記録します。

## きずに対する磁粉探傷試験器

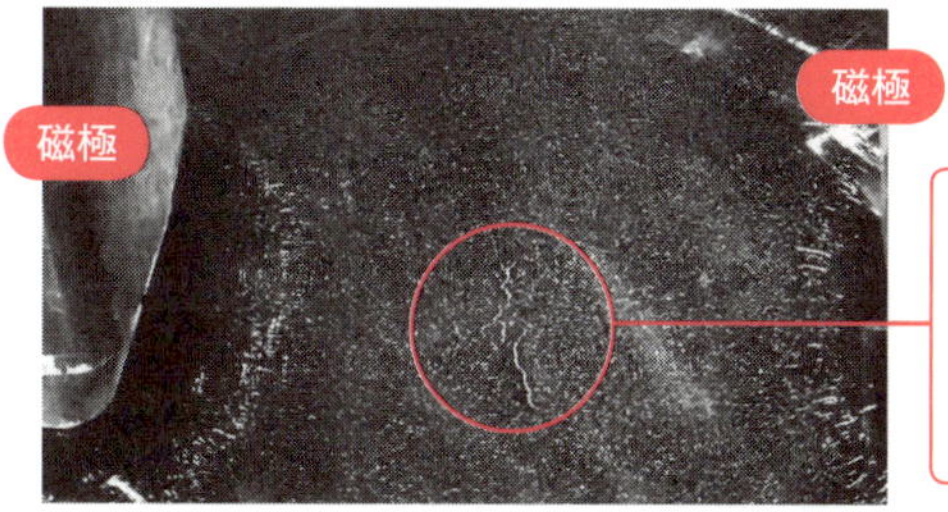


きずに対し試験器が直角に設定されている状態では、磁粉がきずの部分に集中して集まり、欠陥の検出が確実に行えるようになる

# 20 内部の欠陥も非破壊試験で確認

## 欠陥の判断は組み合わせで行う

19項では、材料の表面あるいは表面直下の欠陥検出を目的とした非破壊試験方法の概要を示しました。本項では、材料の内部の欠陥検出を目的とした非破壊試験方法の概要を示します。さらに、非破壊試験結果を破壊試験結果と比較することで、試験結果の取扱いで留意すべき点についても示します。

(1)放射線透過試験

放射線透過試験法は、物体を透過する性質の大きい放射線を試験体に照射し、透過した放射線を反対側に配置したフィルムで検出して可視化し、その画像から内部の欠陥などを確認する方法です。

撮影されたフィルムの判定では、各部分でのフィルムの明るさを比較します。フィルムが黒くなっている部分は、欠陥が存在するため肉厚が薄く、放射線を多く透過していると考えられることから、その部分を欠陥と判断します。ただし、この試験法において、欠陥と明確に判断するには十分な経験が必要です。

たとえば、左図は、材料の同じ位置を外観、放射線、曲げの各試験を行った結果を比較したものです。外観や放射線では明瞭に表れていない欠陥でも曲げ試験で割れや破断にいたる例のあることがわかります。このように1つの試験方法で得られる試験結果を、他の試験結果と比較し、試験結果を正確に判定できる能力を養っておくことが必要になります。

(2)超音波探傷試験

指向性が高く、異物に当たると山びこのように反射して戻って来る超音波の特性を利用し、材料内部に存在するきずから反射されて来るエコーを受信し、きずの存在や位置を検出するのが超音波探傷試験です。この試験は立体的な欠陥の検出にはやや不向きでした。しかし、最近の超音波探傷試験機（放射線透過試験機なども）では、きずや製品形状を立体的に検出できるものが開発され、より正確な判定が可能になっています。

**要点BOX**

- ●材料内部も非破壊試験で確認できる
- ●内部の試験は放射線か超音波を使用
- ●複数の試験結果を比較して欠陥を判断する

## 同一試験体における試験方法の違いによる試験結果の差異

### (a)外観試験結果

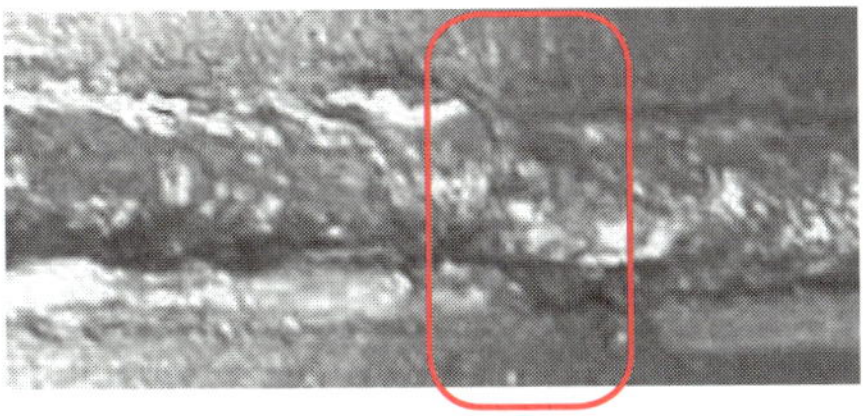

### (b)放射線透過試験結果

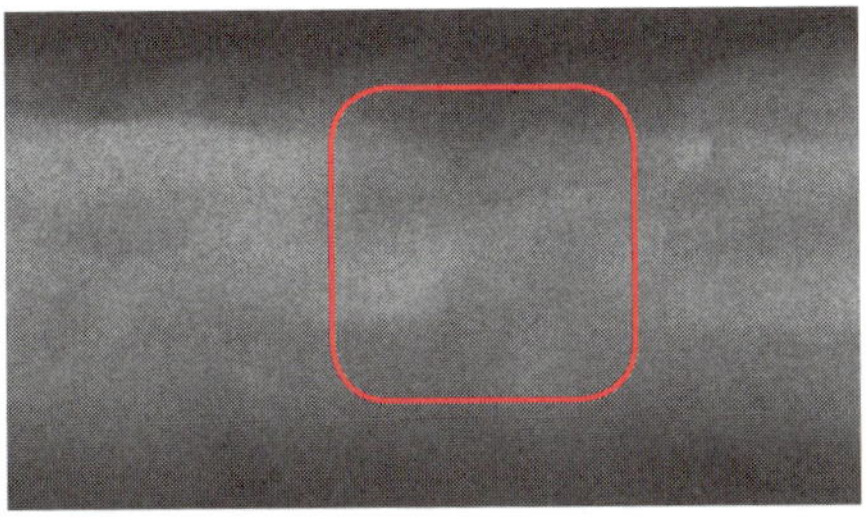

### (c)曲げ試験結果

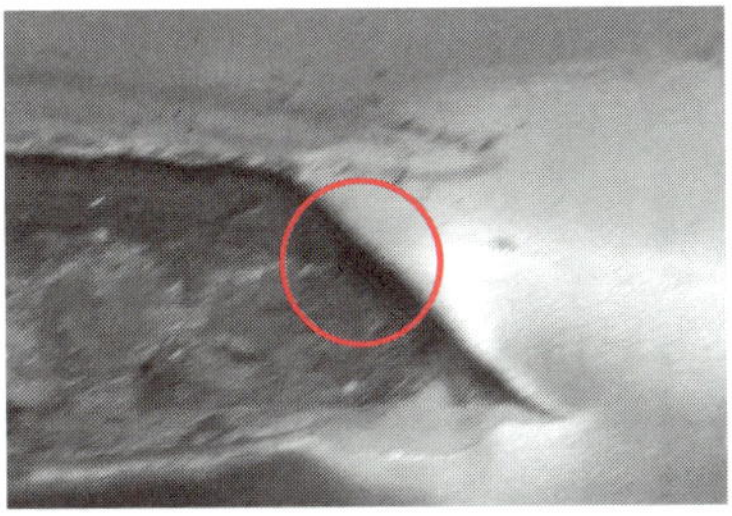

(a)の外観試験結果では、一見すると良好な棒継ぎ溶接に見えるものの、(b)の放射線透過試験結果では、棒継ぎ部から第1層溶接裏ビード止端にかけ、やや幅のある「薄い帯状の連続欠陥」が認められる

(c)の曲げ試験結果では、棒継ぎ部から第1層溶接裏ビード止端にかけ、製品の破断にもつながる「大きく開口した割れ」を発生し、割れ面には平坦な開先面と思われる面の存在が確認できる

## 現場における超音波探傷試験

（写真提供：オリンパス株式会社）

# 21 破壊試験で材料の強さを確認

## 引張強さを確認する

ボイラーの設計や製作に当たっては、材料の強さや降伏応力、曲げ性能などの破壊試験で得られる性質を示す値や試験結果を参照します。ここでは、ボイラーの材料や溶接材料の強さを調べる破壊試験の中でも基本的な特性を調べる引張試験について、その概要と得られる特性の利用について示します。

引張試験では、材料をゆっくりと引っ張って破断させ、その時の破断荷重（材料の強さ）を求めます。この時、材料の伸びの変化をあわせて計測すると、後に示す荷重変形線図が得られます。

金属材料は、鉄であれば鉄原子、アルミであればアルミ原子が1つ1つ独立し、互いに引き合う力で、結晶格子と呼ばれる一定の原子配列に従って結びついています。金属材料に力（荷重）が加わると、構成している原子間の距離が伸びて変形します。同時に原子どうしの結合力により、加わった力だけ元に戻そうとする力（内力）も発生します。この時、荷重が小さい場合は荷重を取り除くと、この引き合う内力で元の状態に戻ります（これが弾性変形です）。しかし、荷重が降伏点、あるいは耐力と呼ばれる大きさを超えると、弾性変形に加え元に戻らない塑性変形が発生します。さらに荷重を加えると、材料全体で一様に生じていた変形が微小な欠陥部分に集中し、この部分での変形量が急速に増加して断面積が減少し、最終的に破断します。こうした荷重と変形の発生状態の関係を示したものが左図の荷重変形線図で、通常は荷重を単位面積当たりで示した応力、変形量を単位長さ当たりで示したひずみに置き換えた応力ひずみ線図として使用されます。

製品の設計では、製品の各材料に発生する応力を、引張強さあるいは降伏点（降伏応力）を安全率で割った（許容応力）より低い応力状態とすることで製品の安全を確保しています（したがって、これらの値は、製品設計上で重要な値となります）。

**要点BOX**

- 引張強さは破壊試験で調べる
- 安全な設計のために引張試験は欠かせない
- 得られる値は変形や加工の目安にもなる

## 荷重変形線図

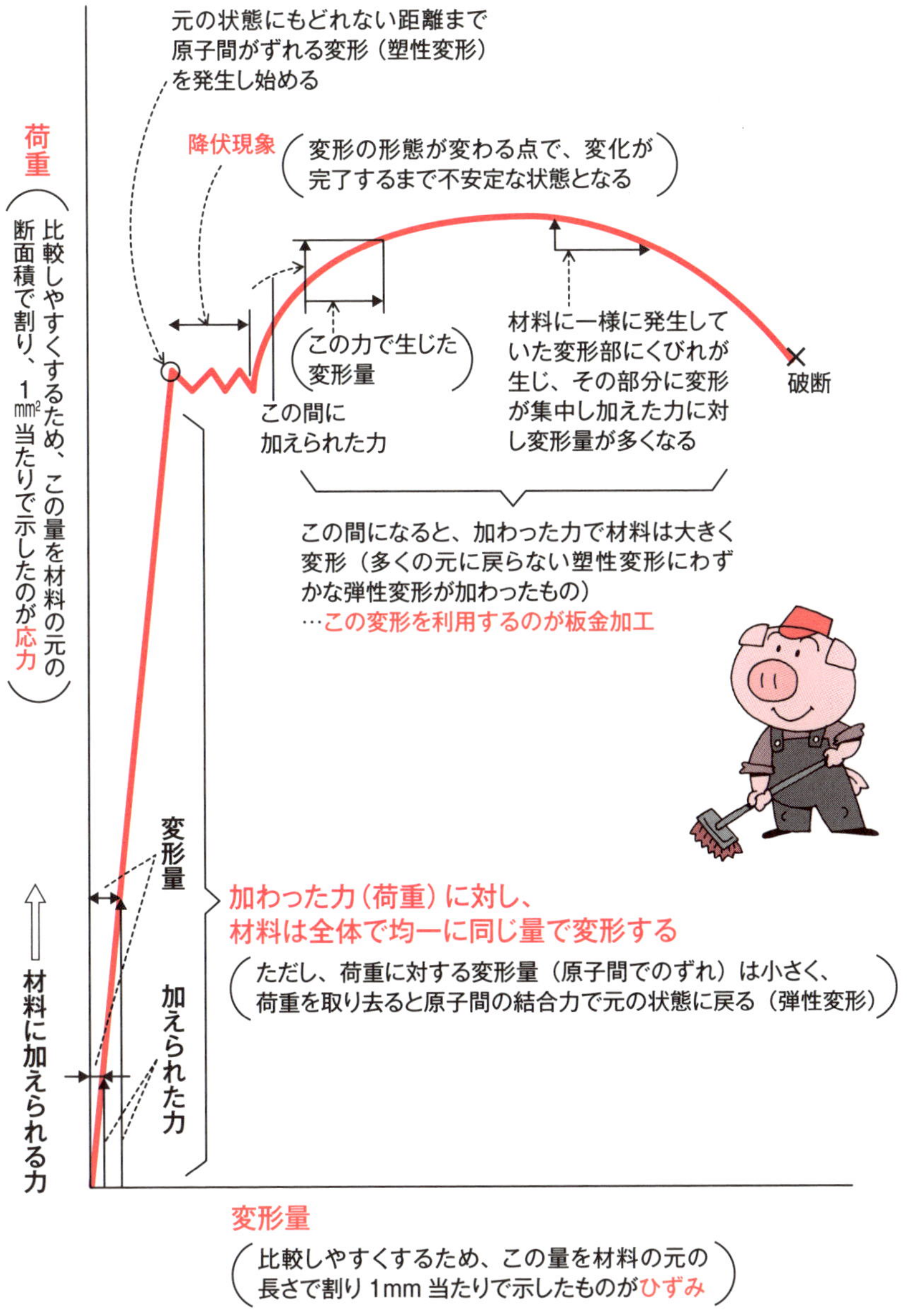
元の状態にもどれない距離まで
原子間がずれる変形（塑性変形）
を発生し始める
降伏現象
（変形の形態が変わる点で、変化が
完了するまで不安定な状態となる）
（この力で生じた
変形量）
この間に
加えられた力
材料に一様に発生して
いた変形部にくびれが
生じ、その部分に変形
が集中し加えた力に対
し変形量が多くなる
破断
この間になると、加わった力で材料は大きく
変形（多くの元に戻らない塑性変形にわず
かな弾性変形が加わったもの）
…この変形を利用するのが板金加工
荷重
（比較しやすくするため、この量を材料の元の
断面積で割り、1㎟当たりで示したのが応力）
変形量
加えられた力
加わった力（荷重）に対し、
材料は全体で均一に同じ量で変形する
（ただし、荷重に対する変形量（原子間でのずれ）は小さく、
荷重を取り去ると原子間の結合力で元の状態に戻る（弾性変形））
材料に加えられる力
変形量
（比較しやすくするため、この量を材料の元の
長さで割り 1mm 当たりで示したものがひずみ）

# 22 材料にかかる荷重を試験で確認

衝撃試験と疲労試験

ボイラーなどの金属製品において、瞬時に大きな荷重を受ける衝撃荷重や、歯車の歯のように小さい荷重を繰返し受ける繰り返し荷重が作用した場合、21項の引張試験とは全く異なる破壊を生じます。

(1)衝撃試験

阪神・淡路大震災において、強いはずの鉄骨の一部がほとんど変形せず、一瞬にして破断したことをうかがわせる破壊が生じました。伸びの無い材料の場合、あるいは常温では伸びのある材料でも-100℃以下にした場合や、一瞬にして大きな荷重を受けた場合は、ほとんど変形することなく、もろく破断に至ってしまいます。こうした荷重が作用した場合の材料のもろさ(脆性《ぜいせい》と言います)の程度を見出すのが衝撃試験です。

(2)疲労試験

繰返し荷重が加わる部材では長く使用していると、ある日突然、通常の運転状態で機械などが壊れ、動作不能や事故の発生につながることがあります。繰返し荷重による破壊(疲労破壊)は、静的に一時的に作用しただけでは全く問題とならないような小さな荷重でも、繰り返し加わることで破壊に到るというものです。こうした破壊は、温度変化が繰返し生じることや、膨張・収縮を繰り返すことでも発生します。疲労破壊が生じるかどうかは、繰返し荷重の大きさとその繰返し回数によって決まります。したがって、繰返し荷重や温度変化が起こる部材では、想定される繰返し回数でも疲労破壊が生じないような荷重以下となるように設計することが求められます。

(3)その他の破壊試験

衝撃荷重や繰返し荷重による破壊は、初期に発生する微小な割れが起点となり、破壊の危険性が高まります。こうした割れ発生の存在を知る簡便な試験方法として曲げ試験があります。曲げ試験は、板状の試験材を一定の曲率で曲げ、曲げ表面で延ばされた面に発生する割れの有無を調べます。

**要点BOX**

- ●衝撃試験は一瞬の大きな荷重への強さを確認
- ●疲労試験は繰り返される荷重への強さを確認
- ●曲げ試験は初期の微小欠陥を洗いだす

## 衝撃破壊による破断面の違い

(a)延性破断状態　(b)脆性破断状態

大きい荷重が高速で作用する衝撃荷重が金属材料に加わると、じん性のある材料では変形をともなう断面で破壊するが、脆くなった材料では、変形のない平坦な脆性破面で脆く破壊してしまう

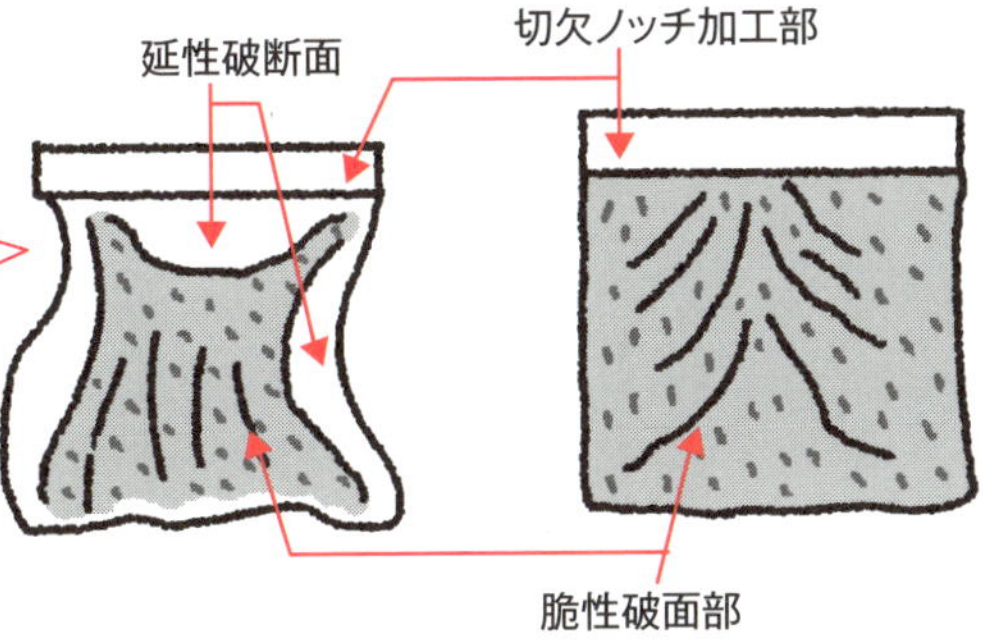


## 軟鋼溶接部の曲げ試験結果

同じような形状でもわずかな深さや形状の違いで割れ発生の有無が異なる。

## 疲労試験で得られるS-N曲線

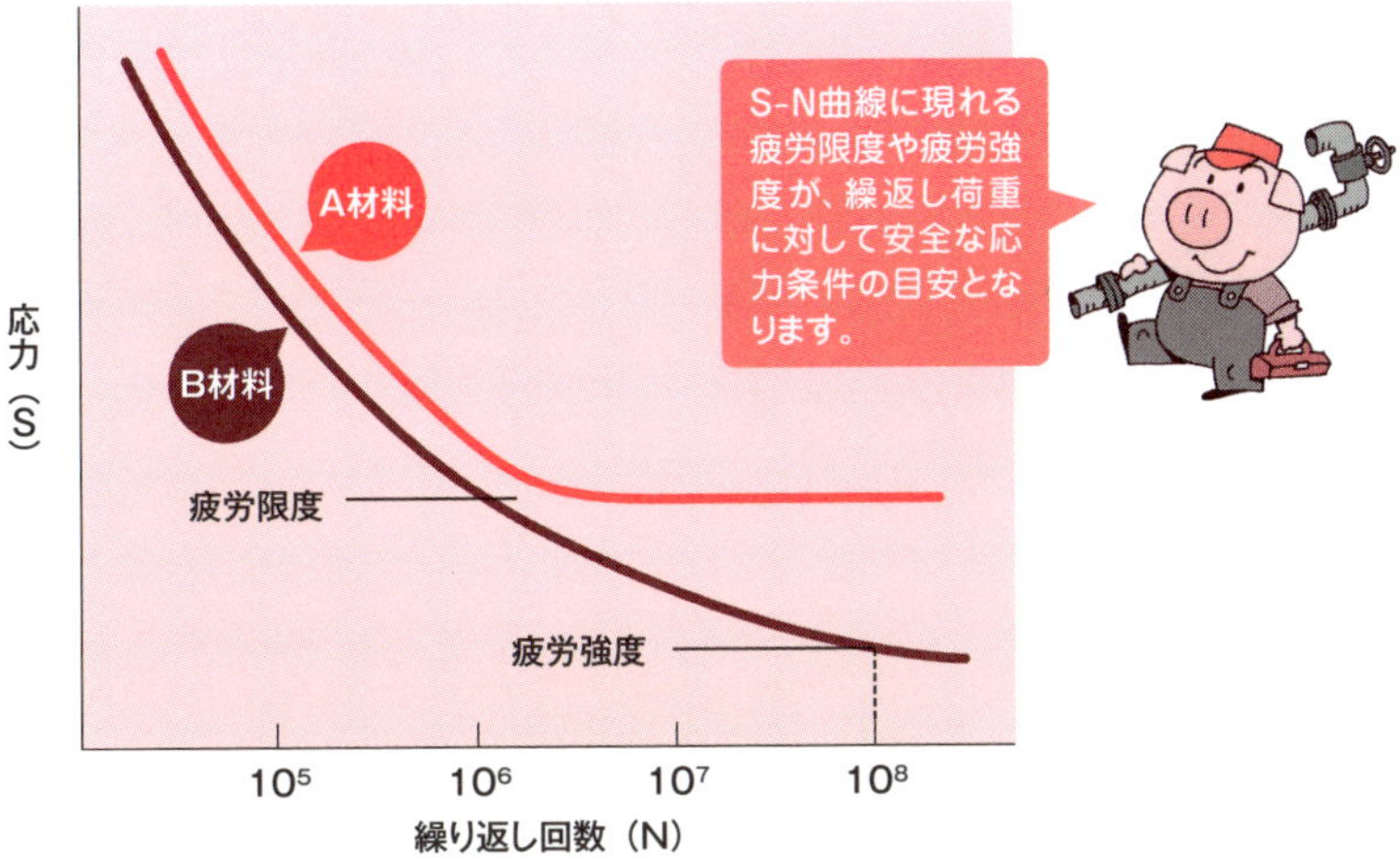

# 23 安全性を確保するための溶接技術

## 溶け込み形成と開先形状

溶接における「溶け込み」とは、溶接のための熱源で溶かされる製品素材（母材と呼びます）の溶けた部分を指します。この溶け込みの中でも特に重要になるのが、母材表面から板厚方向へ溶け込んだ場合の溶け込み深さです。

片面もしくは両面からの溶接で、溶け込み深さが板厚に達すれば、材料は溶接によって素材と同様の一体のものとなります（これが完全溶け込みです）。ボイラーの溶接では、十分な安全性を確保するため多くの溶接部でこの完全溶け込みが求められ、この状態を得るため溶接のつなぎ部分（継手部）には開先加工が行われます。

(1)溶け込み形成に及ぼす開先の作用

左上図は、アーク溶接の溶け込み形成に及ぼす開先の作用を示すものです。板厚が厚く、(a)の開先なしの溶接では、通常の溶接条件だと、図のように必要な溶け込みは得られず、溶け込み不足が発生します。

そこで、(b)のように開先を加工します。開先は、製品で求められる溶け込み深さを得るため、(b)のように母材の目標溶け込み位置まで溶け込ませるよう、熱源の作用点を近づけるために加工されるのです。

(2)ひずみ発生を考慮した開先形状の設定

溶接で必要な溶け込みを得るには適正な開先の設定が有効となります。しかし、開先加工した部分には開先を埋めるための溶着金属が必要となり、この溶着金属の量が多くなるにしたがい、発生する変形（ひずみ）の量が多くなります。そこで溶接する材料の板厚に応じ、右下図に示すようにI形からV形、そしてレ形、さらに片側への溶着金属の偏りによるひずみ発生を抑えるため片面から両面へ、その形状を変えていきます。したがって、こうした開先の設定は、単なる溶け込み形成の改善だけでなく作業性やひずみの発生、仕上げを含めた作業時間なども考慮して決定する必要があるのです。

**要点BOX**

- ●完全溶け込みでボイラーの安全性を確保
- ●開先により溶け込み不足を防ぐ
- ●開先形状は板厚によって変える

## 開先加工の目的

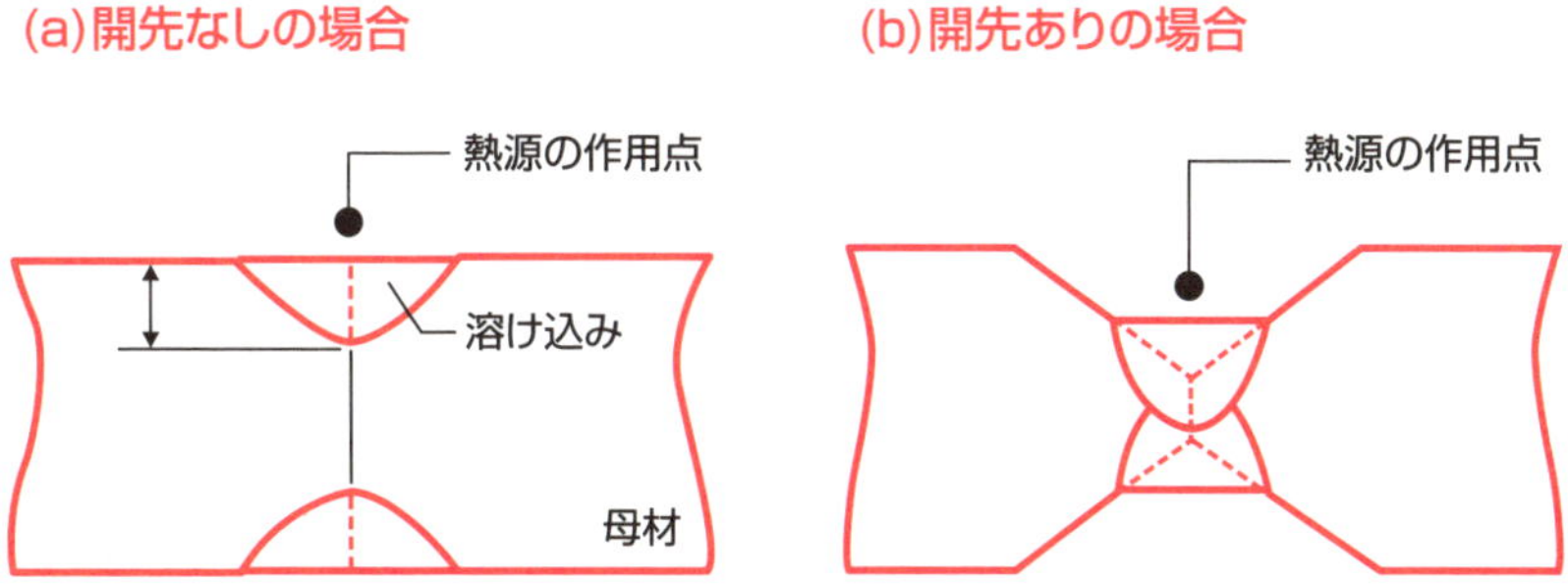


## 各種の開先形状

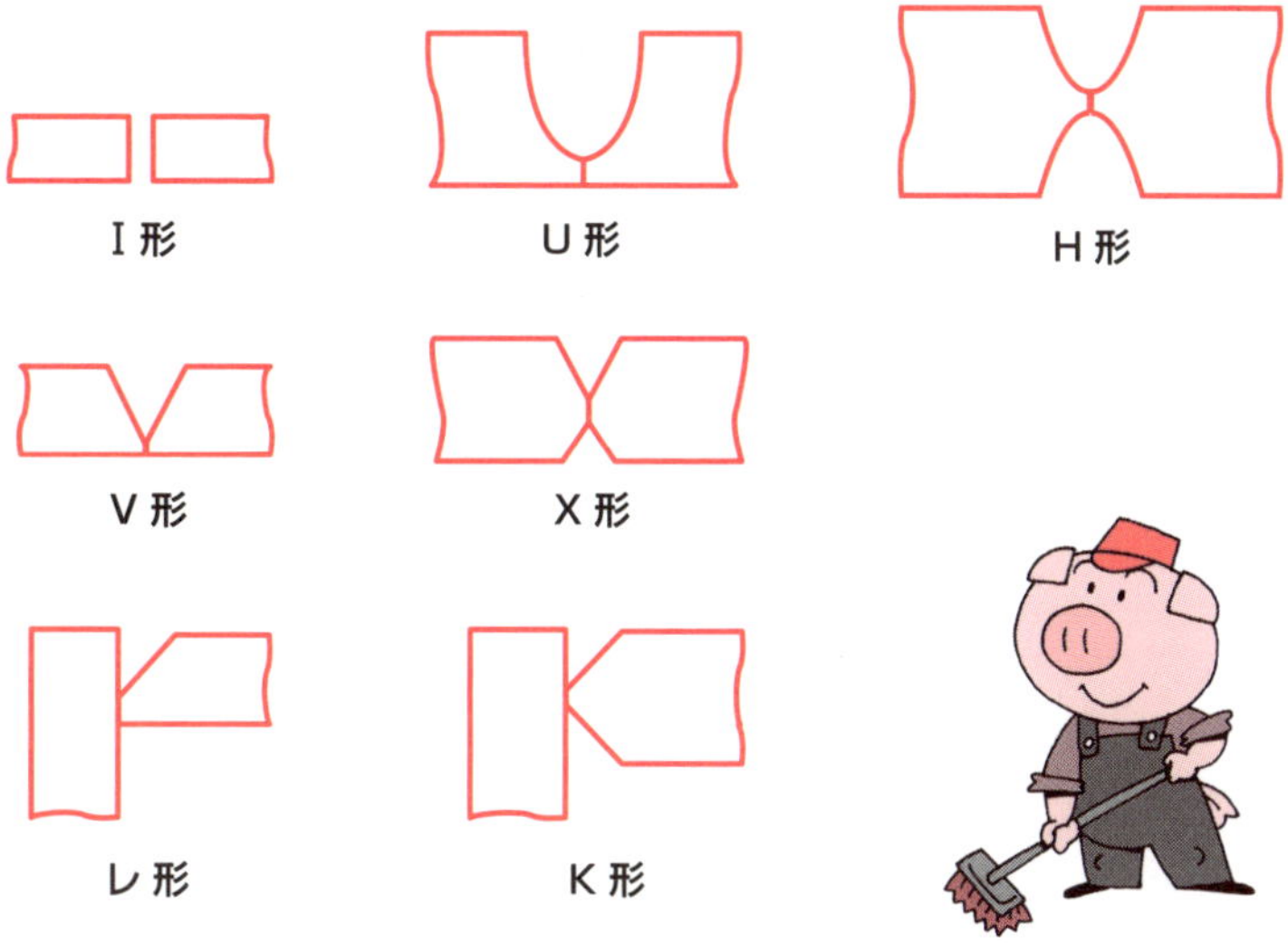

Column

# 溶接の精度がボイラー製作に大きく影響する

ボイラーの製作においては、本体胴の長手方向の溶接や本体胴に蓋となる鏡板を取り付けるための周溶接、本体胴への強め材や配管取付け用のノズルなどの部品の取付けなどが溶接によって行われます。

ボイラーは、内部に大きな圧力が加わることから、それぞれの溶接部がボイラーとしての機能、安全上で必要とされる性能を満たしていることが求められます。その一つが、多くの溶接部分で、使用する素材の板厚と同等になるよう、接合部で材料が一体になる完全溶け込みの突合せ溶接が求められていることです。これは、溶接部が少なくとも設計した必要板厚と同等の強度が得られることに加え、加わる力(荷重)に対抗する断面が最も強くなる力の作用方向と直角になるようにするためです。

さらに、製品製作に先立ち、これらの溶接部は「溶接施工法試験」と呼ばれる試験により、溶接部の溶け込み状態や引張、曲げ、衝撃などの破壊試験で得られる性能が要求条件を満たしているかどうかを確かめます。これにより、製品製作の時の溶接を、溶接施工法試験と同様の溶接方法や溶接条件で溶接することで必要な性能が再現でき品質が保証できると考えるのです。

また、それぞれの溶接部分は求められる性能に応じ、ボイラー溶接士資格などの有資格者が溶接することが求められています。さらに、製品製作後は、これらの溶接部はX線などによる放射線透過試験や超音波探傷試験などの非破壊試験方法で溶接部に欠陥のないことが確認されます。欠陥の発生が認められた場合は、欠陥発生部分を完全に除去した上で補修溶接し、補修溶接部に欠陥のないことを再度確認する検査が行われます。

このように、ボイラーの溶接では、特に安全面などの配慮から、二重三重の安全対策が講じられているのです。

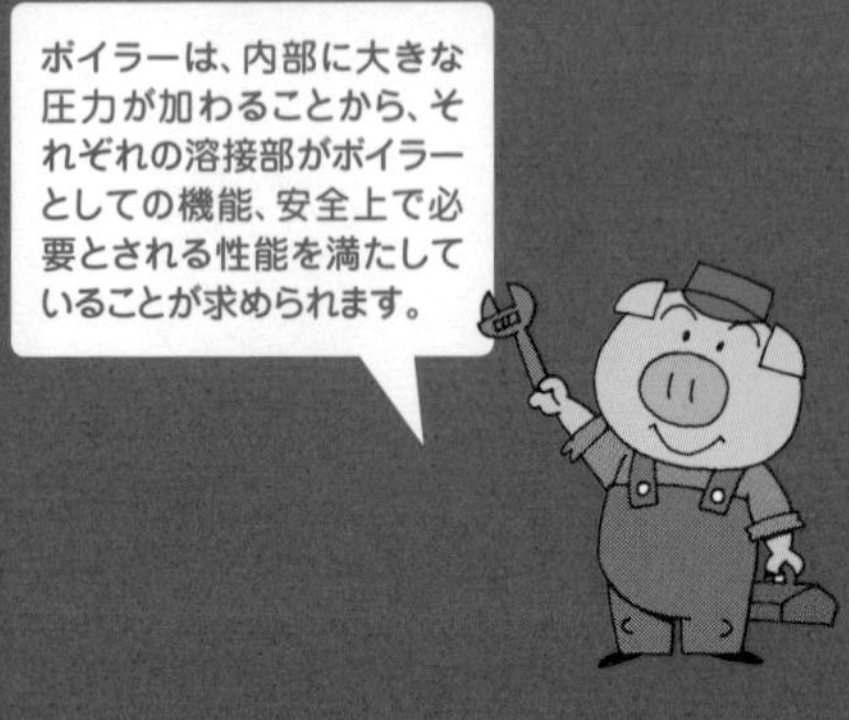
ボイラーは、内部に大きな
圧力が加わることから、そ
れぞれの溶接部がボイラー
としての機能、安全上で必
要とされる性能を満たして
いることが求められます。

# 第4章

# ボイラーの安全

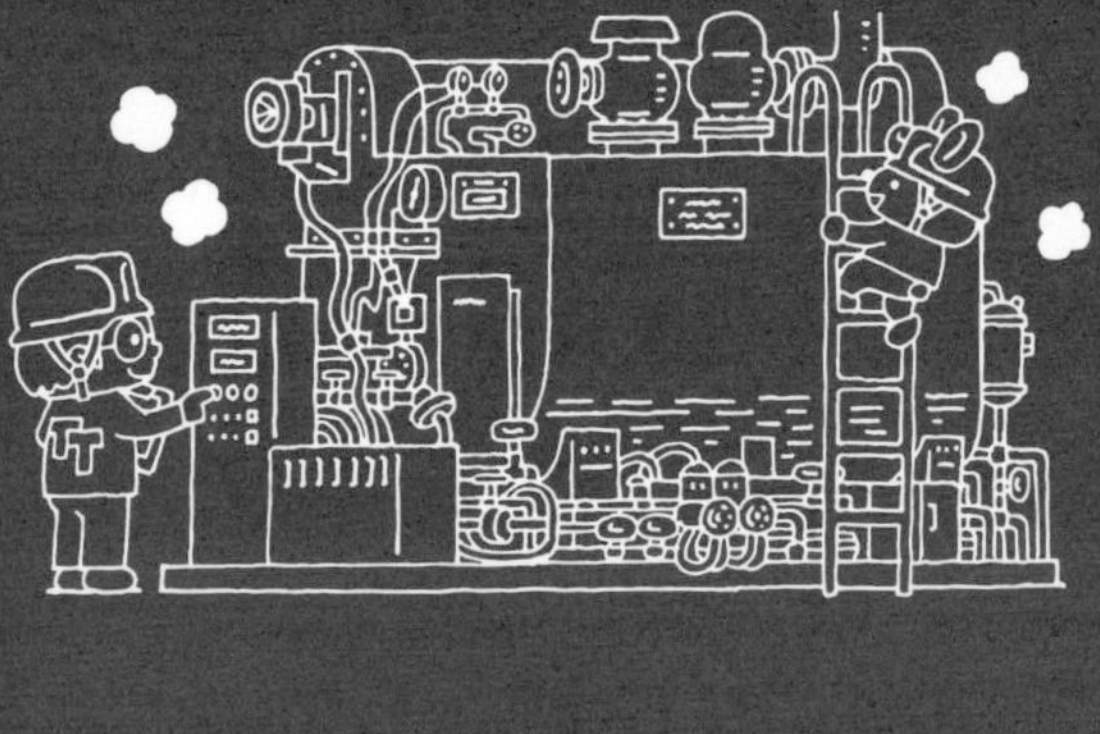

# 24

# 初期のボイラーは産業革命の時代に生まれた

ものを動かすための動力は、最初期は「人力」、続いて馬や牛などによる「畜力」、そして自然の「水力、風力」を利用する方法へと進化してきました。そして、産業革命により、石炭を燃やして得られる熱エネルギーを利用して機械を動かす「機械力」の時代に入ります。この頃、次のようなボイラーの原型というべき「蒸気を利用して水をくみ上げるポンプ」が開発されます。①まず容器内に入れた水を加熱して蒸気にします（この変化で体積は膨張し圧力が高まります）。②その後、容器外部を水で冷やすか、容器内に水を送り込んで蒸気を冷やします。③これにより蒸気は水に戻り、体積が減った部分は何もない真空の状態となります。④この状態になると、真空部分（気圧が0）に対し容器外部の大気圧部分の圧力が大きくなるため外部の水槽の水が押し上げられます。

このポンプに使用された蒸気発生容器の多くは銅板製であり、その接合にはリベットなどの機械的接合、もしくはハンダやロウ付けなどの方法で気密を得ていました（模型のSL機関車のボイラーなど、ロウ付けにより接合された銅板製のものがあります）。その後、日本刀の製作過程でも知られる錬鉄と呼ばれる素材（まず砂鉄から鉄素材を得、素材を加熱した状態でたたいて板にします。それから、折りたたんで再加熱し、たたいて接合しブロック材に戻す、この一連の作業を繰り返し、材料中の不純物を追い出すことで強く性質の良い錬鉄に仕上げます）を使用するボイラーの製作が始まります。板にした錬鉄をお釜の形状に成形し、2つのお釜を合わせ、これをリベットで結合することで、目的とするボイラー容器に仕上げます。しかし、素材は改善されても、こうした方法で作られていたボイラーは、接合部の安全性やボイラー自体の安全性の検証も乏しく、発生する事故はボイラー自体の構造欠陥や製作不良などが多くを占めていました。

初期のボイラーの構造と製作

要点BOX

- ●産業革命時代にボイラーの原型ができた
- ●最初は銅板、次に錬鉄製のボイラーが誕生
- ●初期のボイラーは安全面に不安があった

## 初期のボイラーと事故

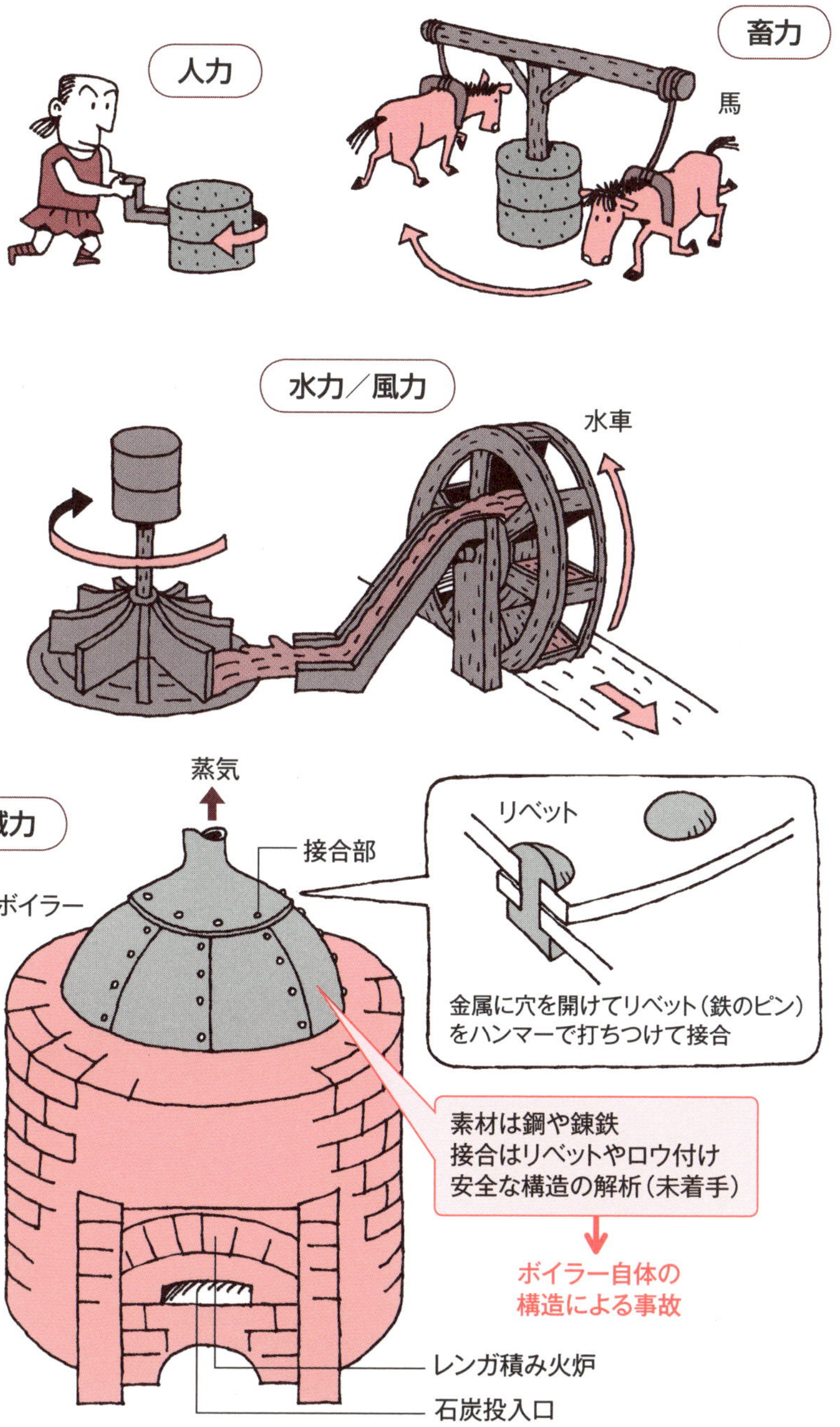
人力
畜力
馬
水力／風力
水車
機械力
蒸気
接合部
初期のボイラー
リベット
金属に穴を開けてリベット（鉄のピン）をハンマーで打ちつけて接合
素材は鋼や錬鉄
接合はリベットやロウ付け
安全な構造の解析（未着手）
ボイラー自体の構造による事故
レンガ積み火炉
石炭投入口

# 25 素材の進化でボイラーの事故を予防

## 最近のボイラーの素材と事故

産業の発展とともにボイラーを利用する蒸気機関が広く利用されるようになると、鉄材料を作り出す製鋼技術も進化し、次に示すような材料で製作するボイラーが多く利用されるようになります。

①炭素鋼、合金鋼材料の利用：この材料で最も一般的に使用されるのが1㎟当たり４００Ｎ（約40kg）程度の強さの一般構造用鋼板（SS材）です。ただ、この材料でより容量の大きい、内圧の高いボイラーを製作しようとすると板厚が厚く、重量も重い、取扱いにくい製品となってしまいます。そこで、この材料を製造過程で焼入れ、焼戻しの熱処理を行うことや、ニッケルやクロムといった合金元素を添加した合金鋼に変更します（合金鋼では、合金元素の種類や量、熱処理を適切に選ぶことで、SS材の倍近い強度を持ち、しかも伸びのある材料が得られます）。また、合金化によってステンレスのようにさびない鋼や、ボイラーの高温でも強度の落ちない耐熱鋼なども開発され利用されるようになっています。

②非鉄材料、複合材料の利用：ボイラーの附属装置などには、使用される場所の特性に応じアルミやチタン（それらの合金）、鋼材料の表面にアルミやチタン、ステンレスを張り付けたクラッド鋼などの複合材料も使用されるようになっています。なお、こうした材料の加工や溶接には十分な注意が必要になります。

③鋳鉄材料の利用：鋳鉄製品は、砂などで作った製品形状の空間の中に溶けた材料を流し込んで製作するため、ボイラーのような加熱する水の入る部分と熱を得る燃焼室部分を一体で容易に作ることができます。一方で、材料は脆く強度が小さいことから、破裂などの事故を引き起こす危険があります。

このような素材の進歩と、後に示すボイラーの構造や製作方法、接合方法に対する安全が詳細に検討され規格化され、これに基づいたボイラー製作が行われることでボイラーの安全性が高められています。

**要点BOX**

- ●近代では合金鋼などが使われるようになった
- ●複合材料は使用場所に応じ使われている
- ●現在の事故は取扱いの誤りによるものが多い

## 最近のボイラーと事故

**最近のボイラー**

- 制御技術の向上
- 溶接など製作技術の高信頼化
- ボイラー用材料の高品質、高機能化

**鉄鋼材料**

適切な焼戻し処理など

**合金鋼材料の利用**

合金元素の種類や量で強じん化（低合金、高張力鋼など）、特殊機能化（耐食鋼や低温用鋼、耐熱鋼など）

**素材の進歩、技術の進化、安全基準の規格化など**

**ボイラーの事故原因：ボイラー自体によるものから人的要因に移る**

① ボイラーの自動化が進み、制御装置を過信し、日常の保守点検をおろそかにしたため発生する事故
② 機器の誤操作や計器の誤認により発生する事故
③ 知識不足のまま、取り扱ったため発生する事故　など

人的要因も
多くなってきたね

# 26 ボイラー事故は人的要因が多い

## 最近のボイラーの事故事例

ボイラーが関与する事故は、いったん発生すると大きな災害につながります。ボイラーにおける事故について見てみると、初期の段階では、ボイラー自体の構造欠陥や製作不良による事故発生が大きな割合を占めていました。一方で、近年の事故の多くはボイラーに関する知識不足も含め、その多くが取扱いの誤りや、保守管理の怠りによって起っていると言われています。このことを、最近発生したボイラーの事故を例にして見てみましょう。

例えば、ガス燃料を使用するボイラーに取り付けられた炉内に蒸気を吹き込み、大気汚染を防止する装置の蒸気遮断弁および減圧弁が経年劣化により故障し、過剰な蒸気がバーナーに噴霧され、不完全燃焼により一酸化炭素が発生し、これが炉内に滞留して爆発した事例。あるいは、ボイラーのバーナーと一体となったオイルポンプと、ポンプのモーターをつなぐゴム製カップリングが劣化しており、運転再開時にオイルポンプが動作不良となったことで重油が完全な霧状とならないで炉内に送られたため、着火できなかった重油が炉の熱で爆発的に発火したといった事例があります。

また、ボイラーに取り付けられた送風機を駆動するベルトの取り付け不良からプーリーが脱落、炉内への送気が行われない状態となり小規模な爆発の発生事故などがあります。

比較的身近な例では、クリーニング工場で乾燥やアイロンに使用する簡易のボイラーを使用中、装置のトラブルで発生した未燃焼のガスが滞留して発火、爆発となった事故もあります。

このように最近のボイラー事故はいずれも、事故の主原因が、トラブル発見のための装置の保守管理不足、危険性や装置取扱いの知識不足など人的ミスであったことがわかります。したがって、ボイラーの安全操業には、適切な人の教育と装置の保守管理の徹底が必要だとわかります。

**要点BOX**

- ●ボイラー事故は大きな災害につながる
- ●事故は管理不足や知識不足で起こることが多い
- ●事故防止には教育と管理の徹底が必要

## ボイラーの事故事例

**事例1**

大気汚染を防止する装置の蒸気遮断弁および減圧弁が経年劣化 ＜ 保守管理の怠り

↓

燃料ガス、燃焼用空気および蒸気の混合状態に異常発生

↓

不完全燃焼により一酸化炭素が炉内に滞留

↓

炉内爆発

**事例2**

オイルポンプのモーターをつなぐゴム製カップリングが劣化 ＜ 点検不良

↓

着火できず

↓

重油が炉の熱で爆発的に発火

↓

**適切な人の教育と装置の保守管理の徹底が必要**

ボイラーの事故は、
いったん発生すると
大災害になるんだ。

# 27 ボイラーの種類によって規制が異なる

## 基準となるボイラー、圧力容器の類別

ボイラーや圧力容器の安全を確保する目的から、労働安全衛生法などの法令によりその設計、製造、取扱いの各段階で守るべき基準、行うべき事項が定められています。

その内容は、ボイラーや圧力容器の種類や規模によって異なります（ボイラーに付けられる機器によっても異なることがあります）。

(1)ボイラーと圧力容器の扱いの違い

ボイラーは、火気や高温ガスといった熱源で水などを加熱し蒸気や温水に変え、この蒸気や温水を他の装置に供給するものとされています。これに対し、圧力容器は一般に、内部に大気圧を超える圧力の気体や液体を保有する容器とされています。

(2)ボイラーに関する規定

労働安全衛生法令では、ボイラーは、製作段階や使用段階において取扱いに幅広い規制の加わるボイラー、比較的規制の少ない小型ボイラー、さらに規制の少ない簡易ボイラーに分類されます。ボイラーとしてどれに分類されるかは、ボイラーの形式、供給するものが蒸気か温水か、使用する圧力、伝熱面積などにより決まります。

最も厳しい規制がかかるボイラーには、①ゲージ圧力（大気圧の状態を0として圧力を表したもので、圧力計に表れる値）が0・1MPaを超える圧力で使用される蒸気ボイラー、②伝熱面積が1㎡を超える蒸気ボイラー、③伝熱面積が8㎡を超える温水ボイラーなどがあります（これらのボイラーの中でも一定のものは除外されています）。

(3)発電用ボイラーなど

ボイラーには、発電用ボイラーとして電気事業法の適用を受けるもの、船舶で使用するボイラーなどもあります。本書では、一般産業用として労働安全衛生法令の適用を受けるボイラーについて説明しています。

**要点BOX**

- ●ボイラーと圧力容器は明確な区別がある
- ●ボイラーは蒸気と温水で異なる規定がある
- ●第一種圧力容器はボイラーと同様に規制がある

## 基準となるボイラーと圧力容器の扱いの違い

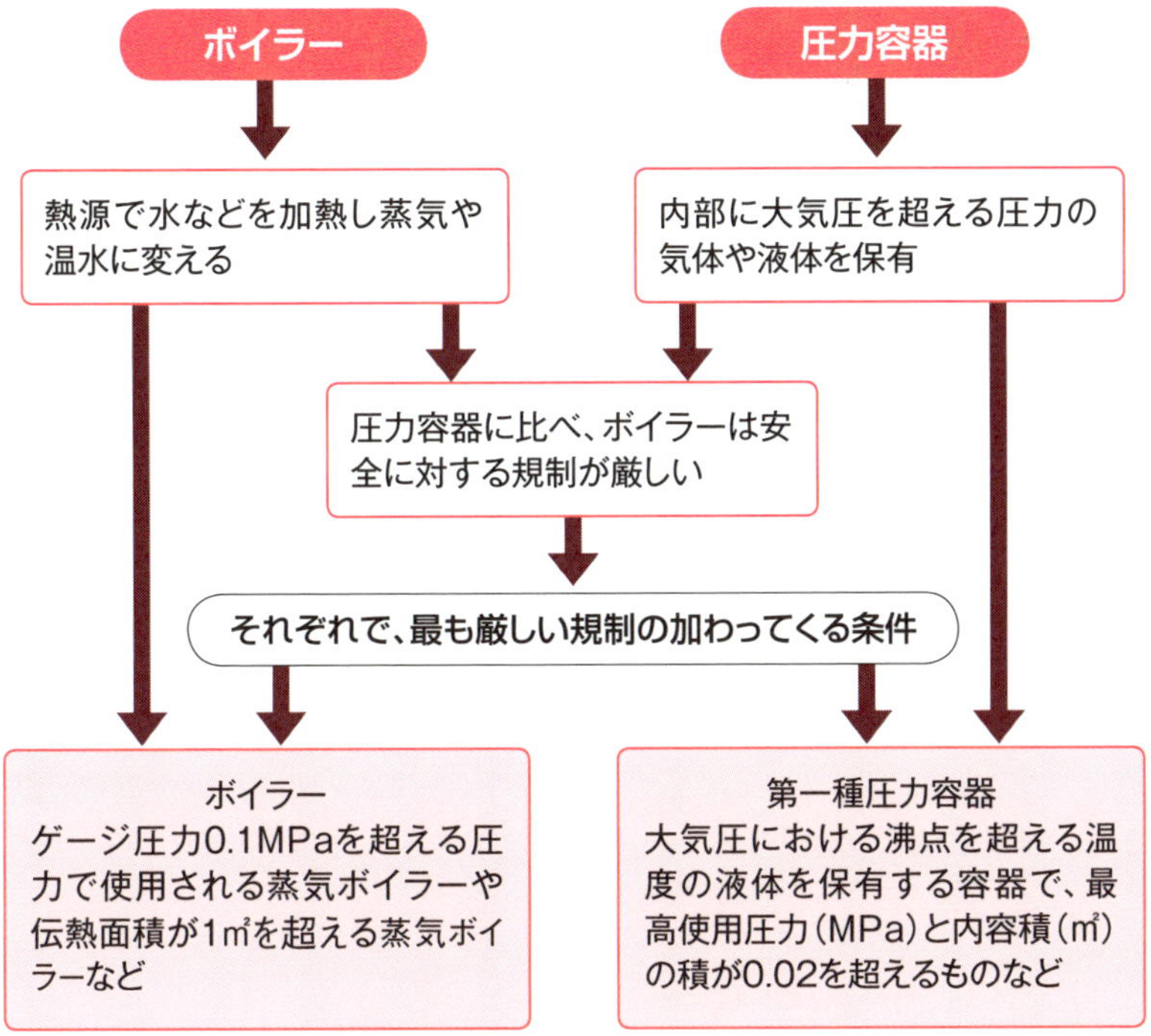


※その他、ボイラーでは小型ボイラーや簡易ボイラー、圧力容器では第二種圧力容器や小型圧力容器、簡易容器などがあり、それぞれで異なる規制となります（28項参照）

## 最高使用圧力と伝熱面積による区分（蒸気ボイラー）

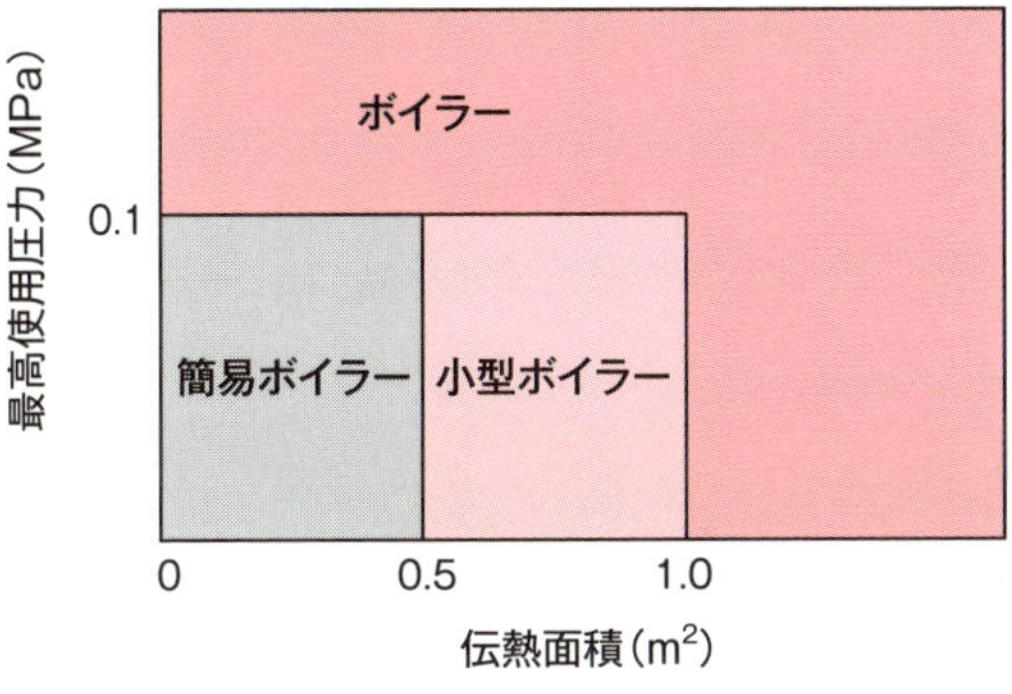

# 28 ボイラー運用のための安全規則

## ボイラーおよび圧力容器安全規則の概要

ボイラーの安全のために必要な具体的事項については、ボイラー及び圧力容器安全規則（安全規則）に定められています。最も厳しい規制を受けるボイラーについては、次のような製造や管理、取り扱いの方法についての規制、携わる人の資格に関する基準などが定められています。

(1)ボイラー本体に適用される規制

危険性が高いボイラーについては、その製造過程において、①製造の許可を受けること、②製造段階で溶接検査、構造検査を受けること、③ボイラーを設置するときには届出を行い、落成検査を受けることが定められています。また、使用の過程においては、①毎年1回性能検査を受けること、②ボイラーに変更を加えるときは届出を行い、変更検査を受けることなども定められています。

(2)使用に当っての規制

日々のボイラーの取り扱いについては、使用するボイラーの規模に応じ、ボイラー技士や取扱技能講習の修了者が行うことが定められています。また、ボイラーの規模に応じ、所定の免許所持者等の中から取扱作業主任者を選任し、作業の指揮や所定の職務を行わせることなどが定められています。

(3)各種免許に関する規定

法令では、ボイラーの溶接品質の確保のため、溶接作業ができる技能者として特別及び普通ボイラー溶接士免許制度が設けられ、学科試験と実技試験に合格した者に免許が与えられます。また、設置されたボイラーを安全に運転、維持、管理するための資格としてボイラー技士免許（特級、一級、二級）制度が設けられ、学科試験に合格し、一定の経験等を有する者に免許が与えられます。ボイラー技士免許試験の学科試験の科目は、①ボイラーの構造に関する知識、②ボイラーの取扱いに関する知識、③燃料、燃焼に関する知識、④関係法令となっています。

**要点BOX**

- 安全規則ではボイラーの検査について定めている
- ボイラーの運転には資格が必要
- 試験内容も安全規則で定められている

## ボイラーの製造、維持で必要な作業手順

製造段階
- ① 製造許可を受ける
- ② 溶接検査を受ける
- ③ 構造検査を受ける

設置段階
- ④ 設置届を提出する
- ⑤ 落成検査を受ける　※検査証の交付

使用段階
- ⑥ 使用
- ⑦ 毎年1回性能検査を受ける

※ボイラーに変更を加える時は届出を行い、
変更検査を受ける、などが求められる

## ボイラーの取扱い資格業務

| | |
|---|---|
| ボイラー技士 | 全てのボイラーの取扱い |
| ボイラー取扱技能講習修了者 | ①伝熱面積$3m^2$以下の蒸気ボイラー<br>②伝熱面積$14m^2$以下の温水ボイラー<br>などの取扱い |
| 小型ボイラー取扱業務特別教育修了者 | 小型ボイラーなどの取扱い |

## ボイラー技士などの免許等に関する規定

ボイラー技士などボイラーの取扱い業務従事者に関わる資格、ボイラーの溶接業務従事者の資格などに関する受験資格や試験の内容などが定められている

# 29 安全な設計・製造のための規則

ボイラーおよび圧力容器の構造規格

　ボイラーについては、安全を確保するため構造などに関する基準が定められています。

　ボイラーの構造規格は、胴や鏡板などに使用する材料、板厚の算定基準、それらを構造体として組み上げるための溶接方法や溶接部の検査方法について定められています。

　さらに、安全弁や計測器など附属品の機能や構造についても定められています。

(1)材料に関しての規定

　例えば、①圧力が作用する部分に使用できる材料や使用に当っての制限、②材料の高温状態を考慮した許容応力などが規定されています。

　鉄鋼材料は高温になると引張り強さが低下します。また、ある温度を超えると「クリープ」と呼ばれる現象を生じます。

　こうしたことから、ボイラーなど高温で使用される材料では、材料ごとの各温度での許容応力を左の図のように規定しているのです）。

(2)各部材の設計基準

　胴や鏡板、ステーなどの補強材、管、管台、フランジなどについて、形状、使用する圧力などに応じた各部材ごとの必要な板厚の算出法などが示されています（なお、胴の板厚決定に対する基本的な設計の考え方については、30項に示しています）。

(3)溶接や附属品に関しての規定

　溶接により製作する場合の、①溶接する箇所による溶接方法、②溶接部の強度評価方法、③溶接部の検査方法などの基準が定められています。

　また、安全を確保するための安全弁、逃がし弁や逃がし管、圧力計、温度計、水面測定装置、給水装置、自動制御装置などの附属品の機能や構造が規定されています。

**要点BOX**

●安全な設計をするため、材料に基準がある
●構造規格に沿った設計が必要
●溶接の方法、検査方法などが定められている

## ボイラーは水を加熱して温水や蒸気を作り出す

ボイラー本体や付属する部材は、高温になった状態で圧力が作用

↓

構造規格では、本体胴や鏡板、ステー材、管、フランジ等について、使用する温度や圧力、形状に応じて必要な板厚の計算方法や、溶接の方法などを示している

## JIS B 8201定められた鉄鋼材料の許容引張応力の例

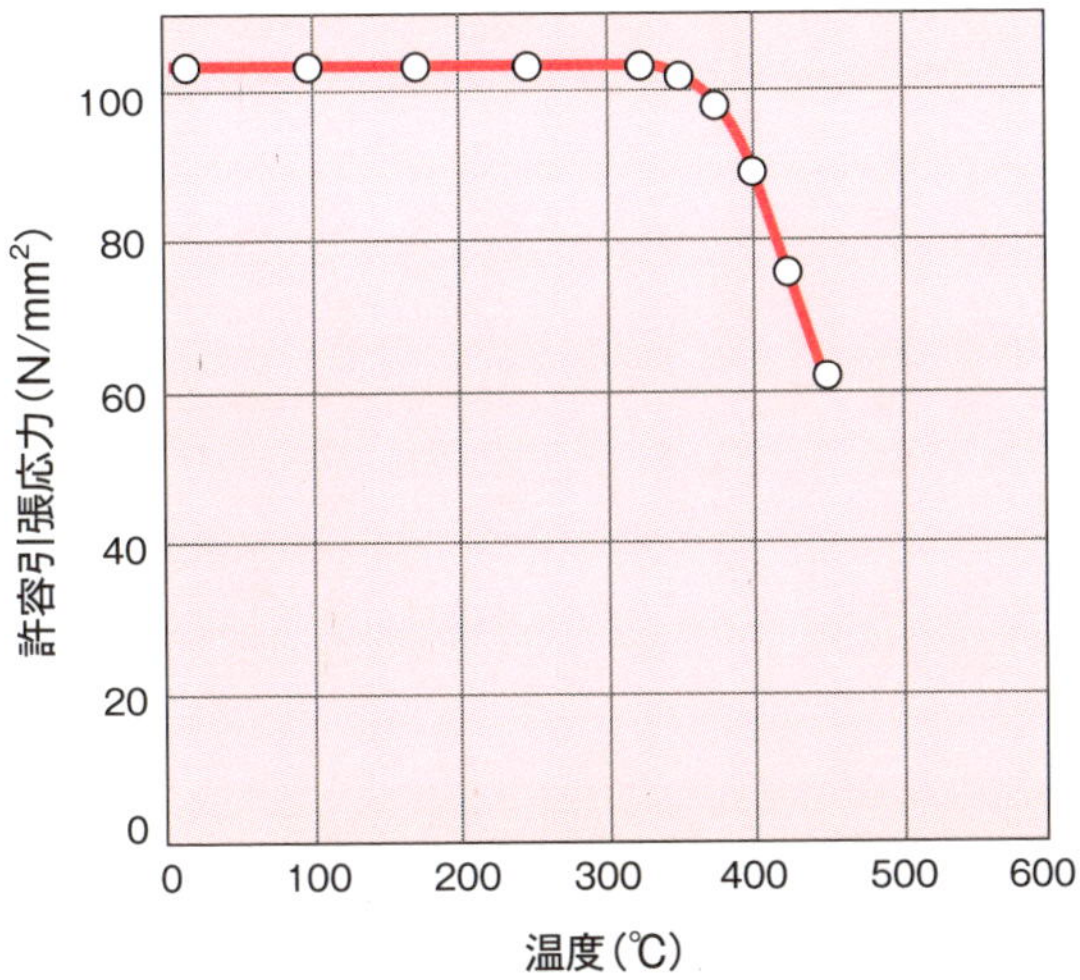


JIS G 3103(SB410)

# 30 ボイラーの容器内にかかる圧力

## 製作に必要な構造の知識

　ボイラー構造規格では、ボイラーの各部分に求められる強度から、使用する材料や溶接の方法を細かく定めています。ここでは、そうした規格の基本となる事項の一部を説明します。

　広く利用されている筒状の丸ボイラーの本体は胴とよばれ、通常、鋼板を丸め溶接でつないだ円筒の両端面に、鏡板と呼ばれる蓋を溶接で取り付け密閉された容器です。この胴の強度について考えてみましょう。

　容器内の圧力は各面に均等に作用しますが、胴の周方向の断面には円筒長さの半球面を投影した長方形断面分が作用します。すなわち、円筒の直径をD、容器長さをL、内圧をPとすれば軸方向に沿った断面にはPDLの力がかかります。また、胴の軸方向の断面には蓋の円盤面成分の$P\pi D^2/4$が作用します。容器の板厚をtとすれば、それぞれの面の1㎟当たりに作用する力は、周方向断面ではPDL/2tLでPD/2t、軸方向断面では$P\pi D^2/4\pi Dt$でPD/4tであり、周方向断面には軸方向断面の2倍の力が作用することがわかります（すなわち、長手の溶接部は周の溶接部の2倍以上の強さが必要で、溶接の良否を判定する検査は周方向に比べ確実に行う必要があります）。

　なお、ボイラーを容器にするための胴に取り付ける蓋となる鏡板には、その形状で「平鏡板」、「皿形鏡板」、「半だ円体形鏡板」、「全半球形鏡板」があります。内圧の大きい容器になるにしたがい、取付面部に曲げの力が作用しやすい平形から皿形、半だ円、半球面に変える必要があります（平鏡板とする場合は、補強のため補強用の板（ステー）を胴と鏡板の間に溶接などして取り付けることがあります）。このように、ボイラーの構造規格では、ボイラーの各部分に求められる強度を、その形状などから計算により求める方法やそれらの溶接、検査についても定めています。

**要点BOX**

●ボイラー胴は、溶接された円筒を鏡板で密閉する
●長手の溶接は周の溶接の2倍以上の強さが必要
●鏡板も内圧によって形状を変える

## ボイラーに求められる強さ

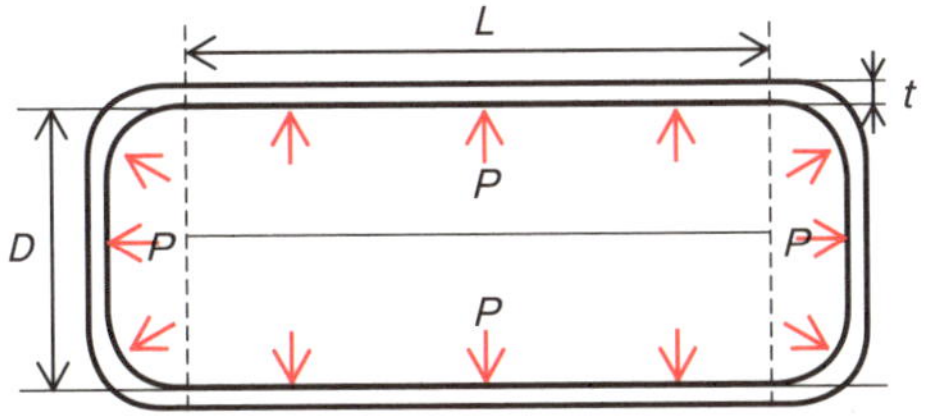


板厚の容器内面全体に
Pの均一な内圧が作用

| 内圧が作用する面 | 周方向の断面 | 軸方向の断面 |
|---|---|---|
| 内圧Pの作用で各断面に加わる力 | 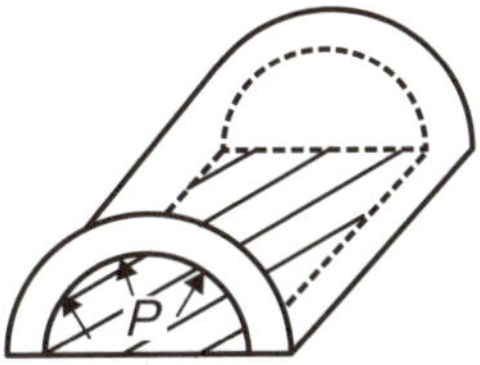  胴の円柱内面を水平面に投影した斜線断面にPが作用している状態に等しい力となる （$P \times D \times L$） |  鏡板の球体内面を水平面に投影した斜線断面にPが作用している状態に等しい力となる （$P \times \pi (\frac{D}{2})^2$） |
| 内圧の作用による力に対抗する断面とその断面積 | 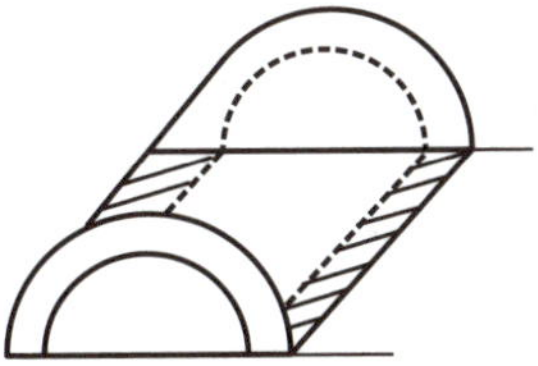 胴長手方向の板厚部分で斜線の2断面（$t \times L \times 2$） | 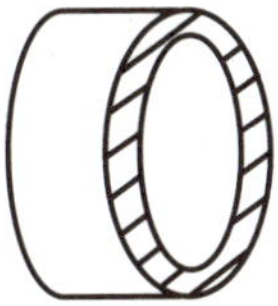 胴の周方向の板厚部分で斜線断面（$t \times \pi \times D$） |
| 対抗断面の単位面積当たりに加わる力 | $\frac{PDL}{2tL} = \frac{PD}{2t}$ | $\frac{P\pi D^2}{4\pi Dt} = \frac{PD}{4t}$ |

単位面積当たりに作用する力は、軸方向断面に比べ周方向断面は2倍（周方向断面の板厚や溶接部分は、軸方向断面の2倍以上となる設定が必要）

Column

# ボイラーの事故と安全

ものを動かすための動力は、「人力」から「畜力」、「水力、風力など」そして、産業革命に入り石炭を燃やして得られる熱エネルギーを利用して機械を動かす「機械力」に変化してきました。こうした変化の中で、機械力の時代に入ると、ボイラーの原型が考え出され実用化されるようになります。ただ、初期のボイラーでは、使われる材料も銅や錬鉄など未発達の材料で、しかも製作方法の安全の検証も乏しく、発生する事故はボイラー自体の構造欠陥や工作不良などが多くを占めていました。

時代が進み、素材製造技術や熱処理、合金化技術の進歩で素材自体が強く、伸びやじん性に富む材料が生まれ、高温においても強度の低下の少ない、ボイラーに適した性質を持つ材料なども開発されてきました。こうした素材の進化に合わせ、ボイラー製作における工作法や溶接を中心とする接合技術が並行して進歩し、ボイラーの安全性が高められました。合わせて、ボイラーの構造や工作方法、接合方法などに対する安全基準が詳細に検討され規格化され、それに基づいたボイラー製作が行われるようになり、ボイラー自体の安全性は大幅に改善されました

しかし、これらの努力の結果、近年では、ボイラーの取扱い上の誤りや保守管理を怠ることによって起きる事故が多くなっています。そこで、ボイラーや類似の使用状態となる圧力容器の安全規則では、ボイラーの点検や保守を定期的に行うことを義務付け、また、ボイラー運転を行う人に対してもボイラー技士といった一定の知識と取扱い技術を持つ資格保有者（この資格に対する規定なども定めています）が当たることを規定しています。すなわち、一定基準容量以上のボイラーを設置する企業や施設では、有資格者であるボイラー技士を設置場所に常駐させておくことが必要となります。ただ、近年の制御技術の発展から、一定の自動制御による安全性能が認められたボイラーでは、ボイラー技士の配置などが緩和されるようになっています。

ボイラー製作における工作法や溶接を中心とする接合技術が並行して進歩し、ボイラーの安全性が高められました。

# 第5章

# 安全・適正に運転するための自動制御

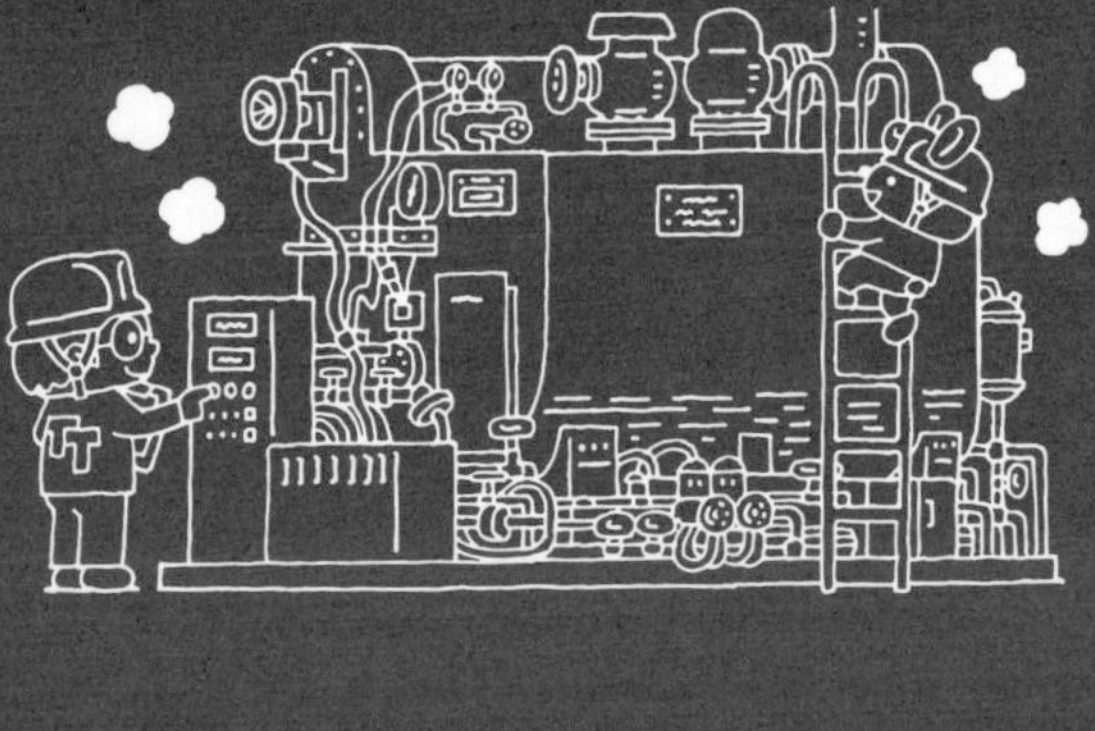

# 31 ボイラーは自動制御されている

制御量と操作量

一般的に自動制御は、「フィードバック制御」と「シーケンス制御」に大きく分けられます。

(1)フィードバック制御とシーケンス制御

フィードバック制御は、「出力された結果を入力側に戻すことによって制御量の値を目標値と比較し、それを一致させるように訂正動作を繰り返して行う制御」です。身近な例では、自動制御ではありませんが、自動車の運転で運転者は目標の速度に合わせ、速度が遅すぎる時は強くアクセルペダルを踏み、目標との差が小さくなればアクセルを少し戻すような操作です。一方、シーケンス制御は「あらかじめ定められた順番に従って、制御の各段階を逐次進めていく制御」で、全自動洗濯機の「給水→洗い→排水→脱水→給水→すすぎ→排水→脱水」の動作がわかりやすいでしょう。

(2)ボイラーの制御における制御量と操作量

ボイラーでは、ボイラーの安全や適正運転のため、燃料や空気量、給水量を操作し(このような制御するものを操作量と呼びます)、この制御の目標となる蒸気の圧力や胴の水位(制御量と呼びます)を所定の値になるようにします。

蒸気ボイラーにおける制御量と操作量の関係は、

蒸気圧力：燃焼が増せば、発生する蒸気量が増加し蒸気圧力が上昇します。これを制御するには、燃料と空気の操作量を変化させます。

蒸気温度：過熱器での加熱量が増えれば、蒸気温度が上昇します。これを制御するには、過熱蒸気を冷却するための過熱低減器の注水量などの操作量を変化させます。

ボイラー水位：燃焼が増せば発生する蒸気量が増加しボイラー水位が低下します。これを制御するには、操作量となる給水量を変化させます。

(温水ボイラーの場合)温水温度：燃焼が増せば、温水温度が上昇します。これを制御するには、燃料と空気の操作量を変化させます。

**要点BOX**

- ●制御するもののことを操作量と呼ぶ
- ●制御の目安になるものを制御量と呼ぶ
- ●操作量と制御量の関係で調整を行う

## 車のスピードを人がフィードバック制御している例

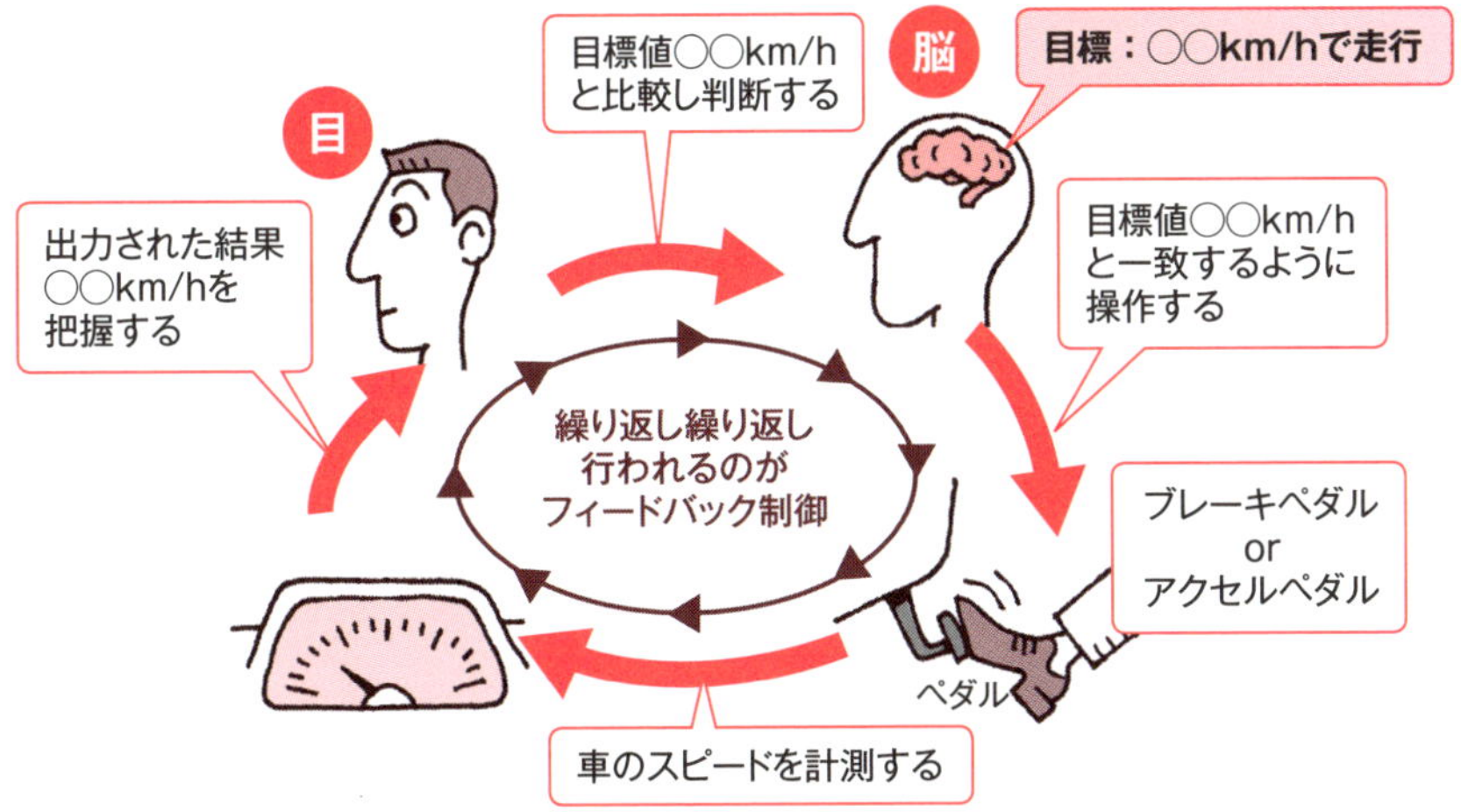


## 洗濯機によるシーケンス制御例

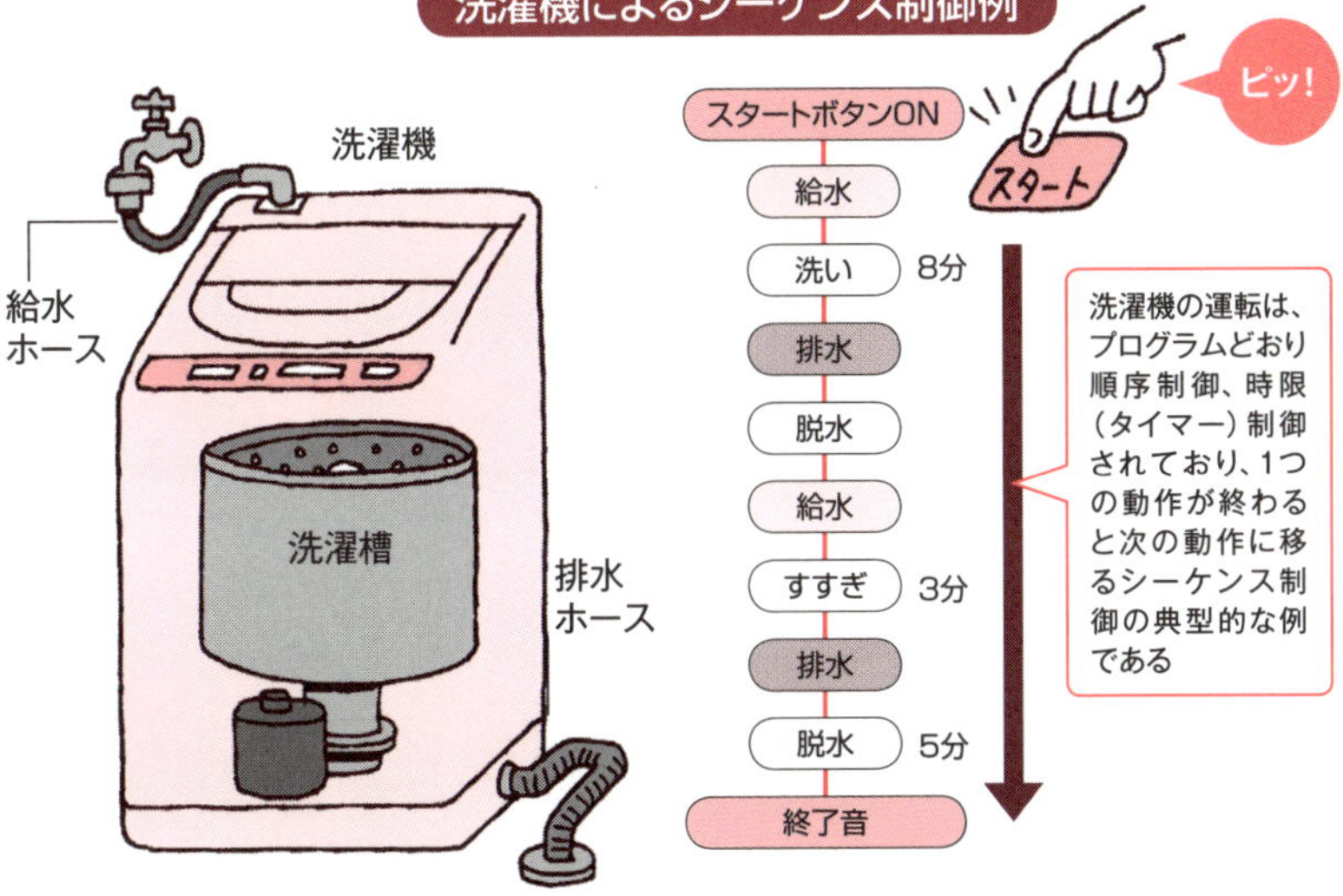


## ボイラーの安全・適正運転のための制御量と操作量

| 制御量<br>（制御で目標とする値） | 現象の変化 | 操作量<br>（制御を行うための操作） |
|---|---|---|
| 蒸気圧力 | 燃焼が増せば、蒸気圧力が上昇 | 燃料と空気の量 |
| ボイラー水位 | 燃焼が増せば、蒸発量が増しボイラー水位が低下 | 給水量 |

# 32 ボイラーの運転に使われる制御方法

フィードバック制御



蒸気ボイラーにおいては、必要な蒸気の量を満足させるよう、次に示すような方法でフィードバック制御が行われます。

(1)オン・オフ動作による制御

オン・オフ動作とは、入・切の操作により制御を行うものです。この制御では、まず、制御の動作する上限と下限の値を設定します（両者の差を動作すき間と呼びます）。蒸気圧力の制御であれば、ボイラーの運転状態において、ボイラー圧力が上昇して上限値に達すると、燃料の供給を停止して燃焼を止めます。

この燃焼の停止状態でボイラーを使用し続けると、圧力は次第に下がり下限値まで低下します。この時点で、接点をオン状態にし、再び燃焼を開始します。このように、動作すき間の間でオン・オフ動作させ、操作量である燃焼量を制御するのがオン・オフ動作制御です。

(2)ハイ・ロー・オフ動作（3位置動作）による制御

この制御では、燃焼状態を高燃焼域と低燃焼域の2段階で設定します。すなわち、ボイラーの圧力が高くなった時は30～50%の燃焼状態の低燃焼域で、圧力が低くなった時は１００%の燃焼状態の高燃焼域で燃焼させ、燃焼状態の制御を行います。なお、最近では、2段階を3段階、4段階で制御するようになっています。

(3)比例動作による制御

比例動作は、圧力などのある範囲（比例帯）内で、目標となる圧力と実際の圧力の差の大きさに比例して操作量を増減するように動作させるもので、P動作とも言います。

(4)その他の動作

上記のような制御のほか、積分動作や微分動作、これらと比例動作を組み合わせた動作による制御などが行われます。

**要点BOX**

- ●オン・オフ動作制御は上限値と下限値の2点の状態を行き来する
- ●ハイ・ロー・オフ動作制御は燃焼を2段階に設定

## 蒸気ボイラーの蒸気圧力のフィードバック制御の流れ

（オン・オフ制御の場合）

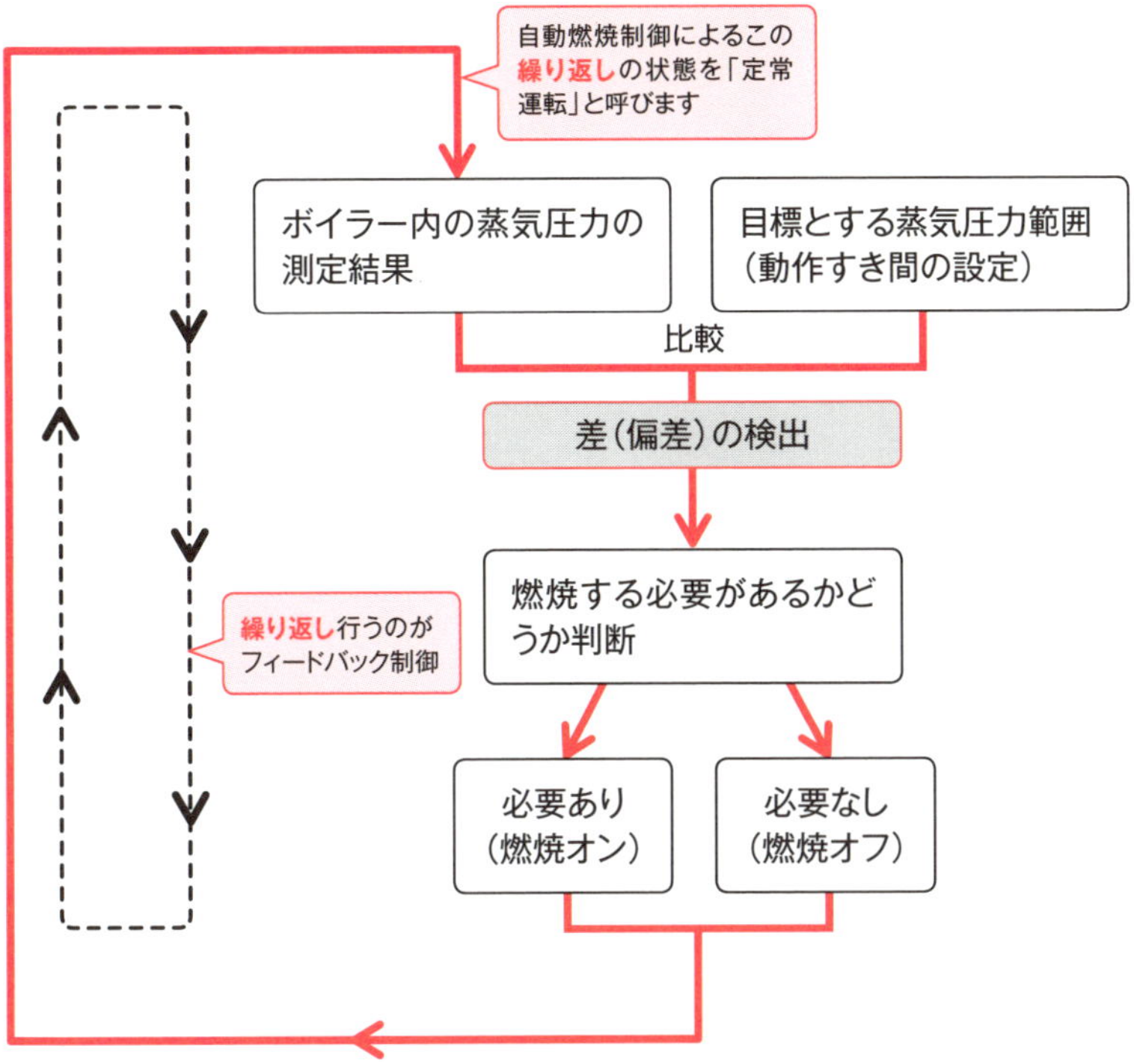


## 具体的な設定と燃焼状態の関係

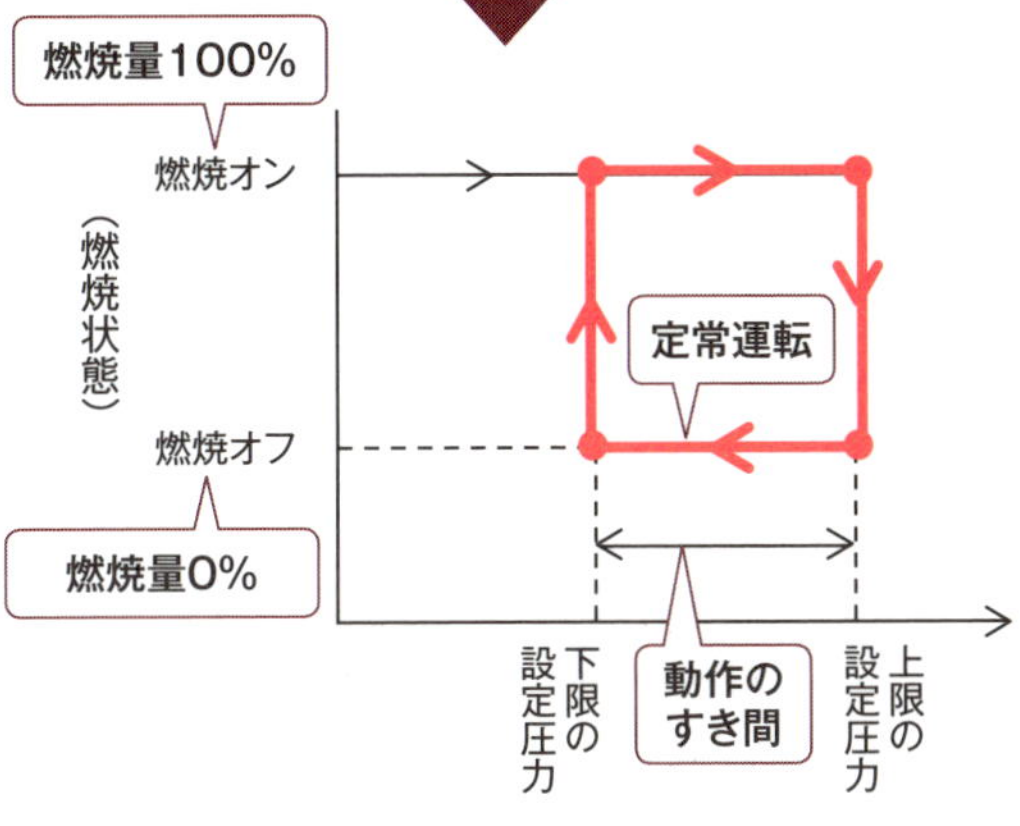

# 33 ボイラーは安全確認しながら点火される

シーケンス制御

シーケンス制御は、あらかじめ定めた順序で各段階の動作を逐次進めていく動作です。ここでは、ボイラーにおける制御の流れでみてみましょう。

(1)シーケンス制御の概要

シーケンス制御では、定められた条件に対して制御結果が満足すれば次の段階に進み、満足しなければその段階での制御を中止します。この中止動作をインターロックと言います。

こうした動作は、運転開始時ならびに運転中の異常状態や誤操作による事故を未然に防止するために設けられるもので、インターロックが作動した場合は不良原因を調べ、修復した後に手動操作でリセット(復帰)しなければ次の段階に進めなくなります。シーケンス制御では、こうした動作が各所に採り入れられているのです。

(2)ボイラーでのシーケンス制御の概要

ボイラーにおけるシーケンス制御の流れの一例を、点火から定常運転にいたるまでの流れを参考に見てみましょう。

①起動スイッチを押します。すると空気送給ファンが回転し、空気路のダンパーが開けられて火炉内に空気が送り込まれます。(これにより、残留していた未燃ガスを追い出すプレパージ作業が行われ、未燃ガスによる炉内爆発を防止します)。

②①の行程の動作状態のチェックで問題なしと判定されると、点火のためのスパークが開始され、同時に燃料噴霧用バルブが開けられ、燃料が送給されます。

③所定の経過時間を経ても着火の確認ができないと安全スイッチが作動し、燃料遮断弁が閉じ、動作を中止します(未燃の状態を長く続けると未燃燃料が溜まり、点火時に爆発する危険があるためです)。着火が確認されると、燃料が続けて送りこまれ自動燃焼制御による定常運転に入ります。

要点BOX

- ●シーケンス制御は定められた順序で制御する
- ●適正に動作しない場合は点火動作が中止される
- ●点火から定常運転状態に至るまで使われている

## ボイラーの点火におけるシーケンス制御例

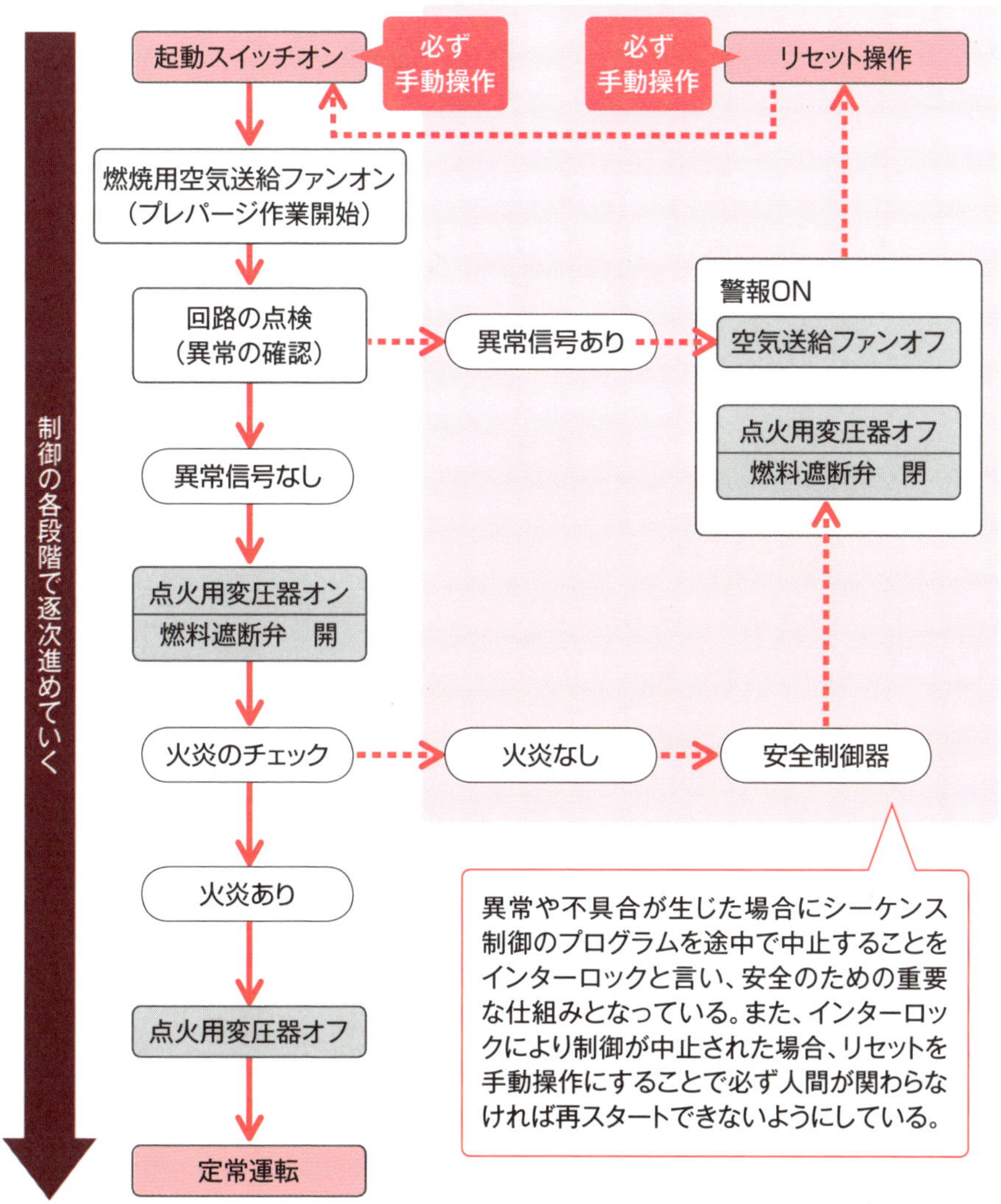

# 34 圧力、温度を一定に保つ制御方法

## オン・オフ式と比例式

ボイラーは、仕事に利用する蒸気や温水を発生させる装置です。そのため、発生する蒸気の圧力や温水の温度は、それらを利用して行う仕事に対して重要な値となります。そこで、これらの値を適正設定値の範囲にコントロールするフィードバック制御が必要となります。

蒸気ボイラーにおいては、蒸気の圧力制御を行うため、圧力調節器を使用します。この圧力調節器には、オン・オフ式蒸気圧力調節器と比例式蒸気圧力調節器があります。

まず、オン・オフ式圧力調節器は、その名のとおり蒸気の圧力を利用して調節器に内蔵してあるオン・オフスイッチを動作させる方式のものです。

このオン・オフ式圧力調節器では、得られるオン・オフ信号で燃焼の制御を行い、発生する蒸気の量を調整します。

一方、比例式圧力調節器は、調節器に内蔵してあるすべり抵抗器（可変抵抗器）を利用し、蒸気の圧力の変化を連続した電気的抵抗値の変化に変換します。したがって、比例式圧力調節器では、オン・オフ式の場合と違い、連続的に変化する圧力を検出することで設定値付近の範囲内で制御できるようになります。

なお、得られる連続した信号の変化は、直結したコントロールモーターの回転角度（°90程度）の変化に変換されるようになっており、この回転角度の変化を燃焼における弁の開閉度合いの調整に連動させ、燃焼の制御を行います。

一方、温水ボイラーにおいては、得られる温水の温度で燃焼の制御を行い、温水温度を調整します。この場合、温水温度の測定には、温度の変化によりオン・オフするバイメタル式温度計や溶液密封式温度計が使用され、蒸気の圧力調節器と同様のオン・オフスイッチを動作させることで燃焼の制御を行い、温水温度を調節します。

**要点BOX**

- ●オン・オフ式は設定した範囲内で圧力を制御
- ●比例式は連続的な変化を検出して制御
- ●温水ボイラーでは温水の温度を調整する

## ボイラーにおける圧力、温度の制御

圧力、温度の値をフィードバック制御することで適正範囲に制御

↓

蒸気の圧力制御
（蒸気ボイラーの場合）

→ オン・オフ式や比例式圧力調節器で燃焼を制御

温水の温度制御
（温水ボイラーの場合）

→ オン・オフ式のバイメタルや溶液密封式の温度計で制御



## 炉筒煙管ボイラーにおける蒸気圧力調整器による制御

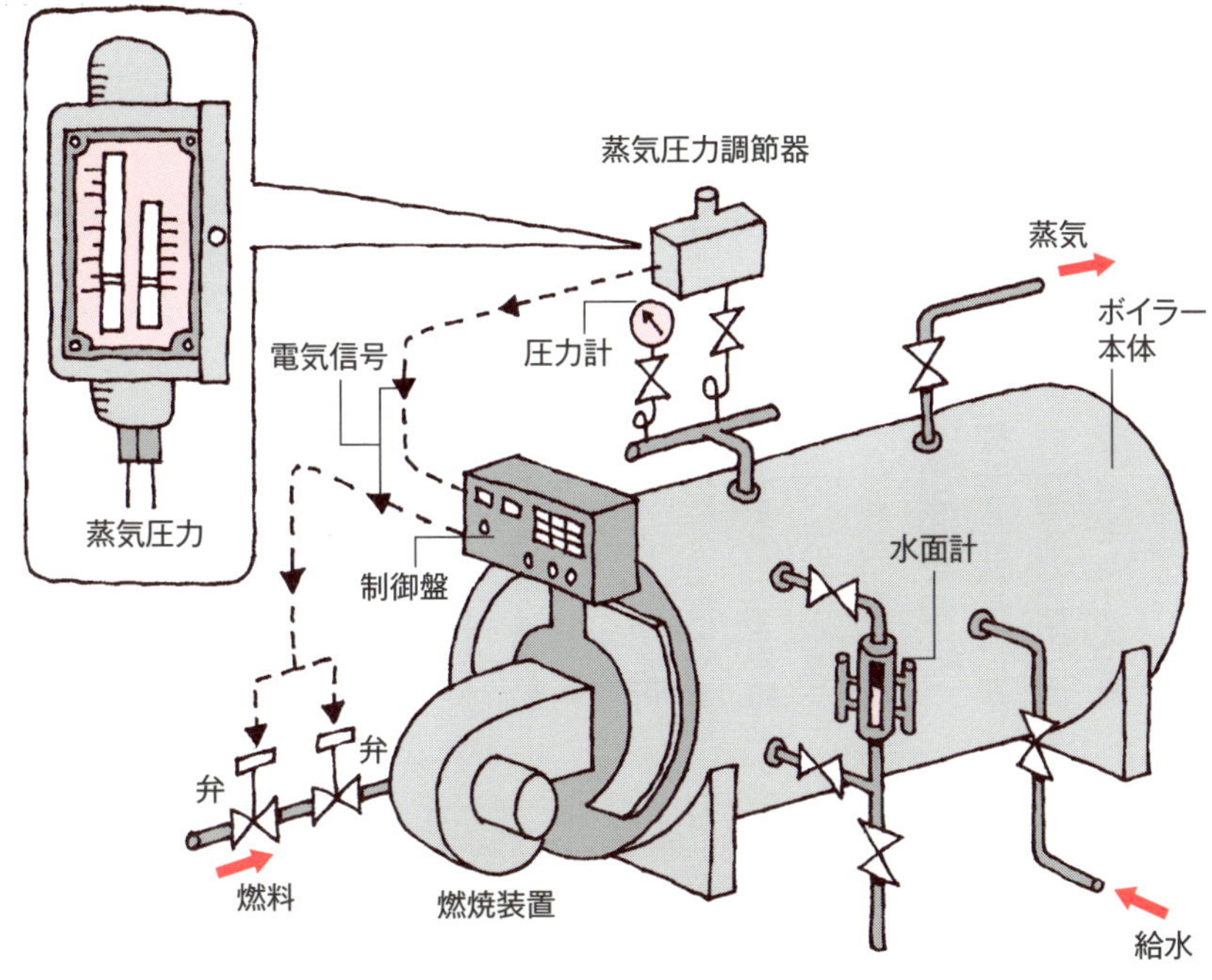

# 35 水位を一定に保つ制御方法

## フロート式と電極式

ボイラーでは、ボイラー本体内部の水の量をなるべく一定に保つことが必要です。例えば、ボイラー内部の水が増加し水面の位置が高くなると、ボイラー頂点部にある蒸気出口に水面が近づき、ボイラー本体から出てくる蒸気に多くの水分が混じった状態となります。この現象はキャリーオーバーと呼ばれ、本来得られるはずの蒸気の質が低下し、蒸気を利用する仕事に不具合が生じます。

逆に、水位が低下した場合、ボイラー水に熱を伝えていた伝熱面が水面よりも上に出て、伝熱面を「過熱」します。この状態では伝熱面の金属が高温となって強度が低下し、圧力に耐えられず破裂する可能性が高まり非常に危険な状態になります。

通常、ボイラー本体内部の水の量の確認は、ボイラー内の水面位置（水位）を計測することで行われます（ボイラーの安定した運転時の適正な水位を「常用水位」と言います）。この常用水位の確認には、①水面位置を水位計で電気的に計測する方法（この場合の多くは、計測した値でオン・オフスイッチを動作させ、適切な運転状態を自動制御で機械的に保ちます）、②ボイラー技士のようなボイラーを運転する人が水面計を目視して行う方法、があります。現在は自動制御が一般的です。

自動制御に必要な水位の検出は、①フロートと呼ばれる水面に浮かぶ浮子が、水位の状態で上下する動きをスイッチのオン・オフに連動させることで水位を検出するフロート式水位検出器（トイレの給水タンクの浮子をイメージしてください）、②複数の金属の棒（一般にはステンレスの細い棒）の一方を通電用電極とし、他方の電極には長さを変化させた棒を水面付近に取り付け、電極間にボイラー水があれば導通状態、ボイラー水が無ければ不導通状態になることで水位を検出する電極式水位検出器、などの方法があり、これらの検出器を複数用いて制御を行います。

**要点BOX**

- ボイラー内の水は常に適量に保つ必要がある
- 水位制御は一般に自動制御で行う
- 水位自動検出にはフロート式と電極式がある

## ボイラーの水面位置（水位）

水位が高くなった場合
↓
内部の水の量が増加
↓
蒸気に多くの水分が混じったキャリーオーバー現象状態
↓
蒸気利用機器に不具合が発生

水位が低くなった場合
↓
内部の水の量が減少
↓
本体金属部が水面より上に出た状態で伝熱面の過熱
↓
本体金属の過熱による強度低下による本体破壊

↓

**ボイラー内の水位の計測が必要**

人が目視で行う方法（適切な運転操作も人が処置）
↓
**目視**

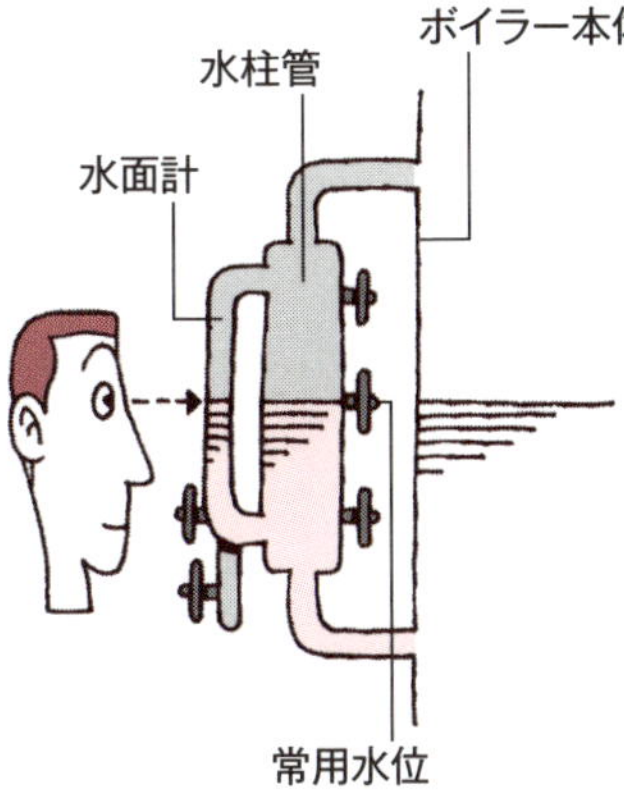


フロート式や電極式検出器で電気的に計測する方法（自動制御による処置）
↓
**フロート式**

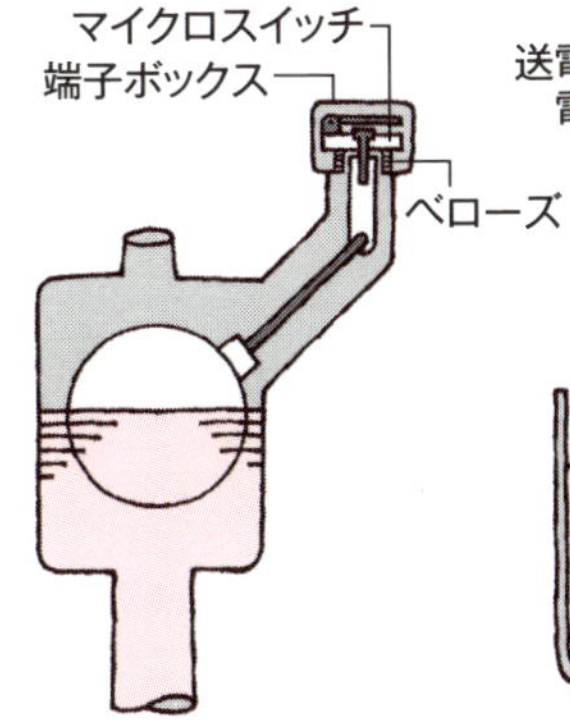


水位の高低でマイクロスイッチが作動

**電極式**

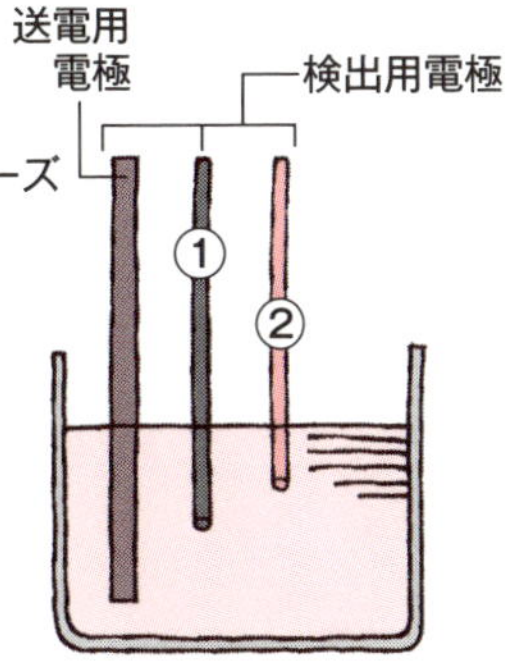


電気が流れる

①に電気が流れない
→給水ポンプ（オン）

②に電気が流れる
→給水ポンプ（オフ）

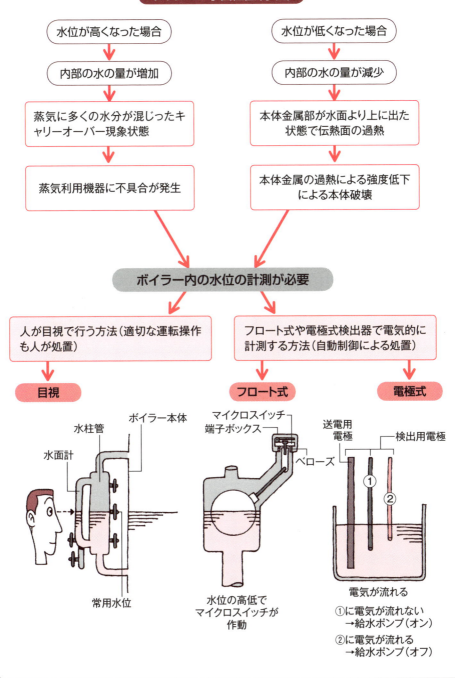

# 36 燃焼状態を一定に保つ制御方法

適正な燃焼状態維持と安全のために

ボイラーにおいて、安全の確保や適正状態の維持のため、運転中の蒸気の圧力や温度を測定し、この計測値により適正な燃焼状態を維持する、燃焼の制御が必要不可欠です。この燃焼の制御では、燃料を適正に燃焼させるための制御とともにボイラーの安全確保のための制御が必要となります。

（1）燃焼状態の制御

燃焼は、燃料を安定的、効率的に燃やすことが基本です。燃焼の制御では、使用する燃料の量と燃焼に必要な空気の量を調節することになります。燃料の量の調節は、弁の開度を変えて行います。空気の量の調節は、ファンの回転数を変えることや、空気の通り道に開け閉めする構造のダンパと呼ばれる扉を設け、この開度を変えることで行います。

（2）安全確保のための制御

燃焼の制御のもう一つの重要な役割は、燃焼によるボイラーの事故を未然に防止することです。例えば、圧力が本来上昇しないはずの値にまで上昇することは、ボイラーが破裂するなどの大事故につながる大変危険な状況にあると言えます。そこで、圧力の上昇を止めるため、燃焼をただちに止める処置が必要となります。また、燃料を燃焼室内に送りこんでいるにもかかわらず、点火していないような場合はどうでしょう。この場合も、未燃焼状態の燃料が燃焼室内に存在することになり、この未燃の燃料に火炎が触れることで爆発などの事故につながります。したがって、この場合も、燃焼室への燃料の供給をただちに止める必要があります。

このように、燃焼状態に異常（危険）な状態が検出された場合、実際のボイラーでは、燃料の供給をストップするための燃焼安全装置と燃料遮断弁が燃料用の配管の途中に設けられています。多くの場合、遮断弁を直列に2個取り付けることで、確実に遮断するようにしています。

要点BOX

- ●燃焼状態は燃料と空気の量で調整する
- ●燃焼の制御は安全の確保のためにも重要
- ●安全制御のために、燃料遮断弁が設けられている

## 適正燃焼状態確保のための制御例

ボイラーにおける燃焼の制御
- 適正燃焼状態確保のための制御
- 安全確保のための制御

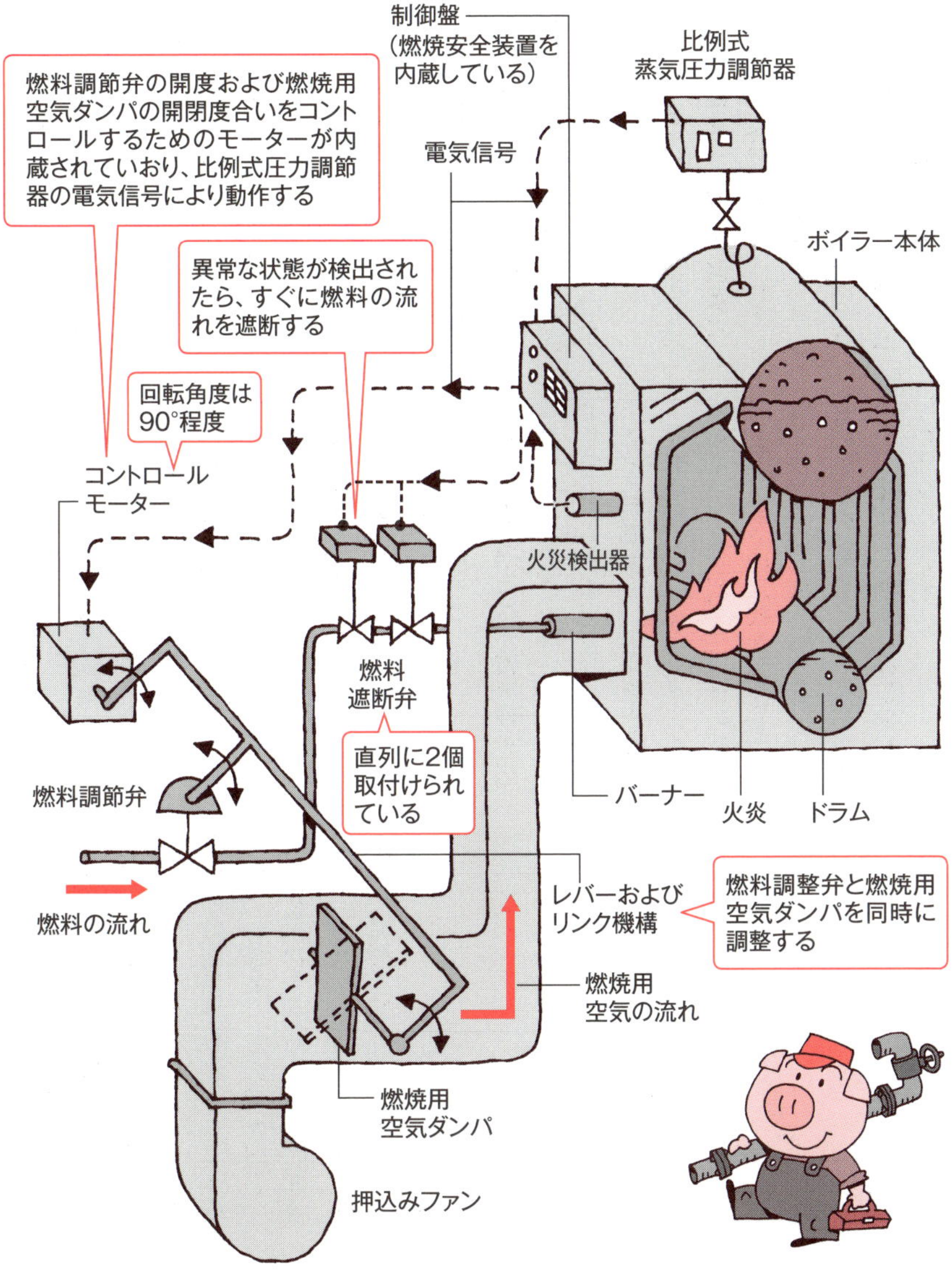

Column

# ボイラーの適正状態を維持させるための自動制御

ボイラーにおける制御は、各種計測器で「制御量」と呼ばれる蒸気や温水の温度、蒸気の圧力などを計測した値で燃料や空気、水などの「操作量」を調整することで適正状態を維持させるものです。

例えば、蒸気ボイラーでは、燃焼が増して加熱量が増えれば、発生する蒸気量が増加し蒸気圧力が上昇します。必要以上に圧力が増加すると、これを適正状態に制御するため、送り込む燃料と空気の量を変化させ、適正な燃焼状態に修正します。

また、蒸気の発生量が増しボイラー内に保有する水が減ると、水の届かない容器壁はオーバーヒート状態となり、ボイラー本体の破裂などにいたる非常に危険な状態になります。この場合は、操作量である給水量を増やすことで修正します。逆に、蒸気発生量が減りボイラー内に保有する水が増すと、水面が上昇し蒸気中に水滴や泡が混じりこむようになり、蒸気を利用する装置に悪影響を及ぼします（この場合も給水量の調整で修正します）。このように、ボイラー内の水位は、常に適正な位置となるよう操作量となる給水量を変化させ調整する必要があるのです。

ボイラーの適正状態維持のため、こうした制御量と操作量を組み合わせて行われる自動制御は、シーケンス制御あるいはフィードバック制御で行われます。シーケンス制御では、全自動洗濯機の給水から脱水までの工程を指定した順序で行っていくのと同じ方式で、各段階での適正状態が確認できたら、指定した順序に従い運転が行われる方式です。

一方、フィードバック制御は、自動車で一定速度運転をしている場合のアクセルペダルとブレーキペダルの踏みかえ操作と同じで、それぞれの計測器で計測される温度や圧力の値を、その値が適正であるか否かを判断する機能部分に送り、その判断で操作量を修正なり維持させて制御します。

ボイラーの適正状態維持のため、制御量と操作量を組み合わせて行われる自動制御は、シーケンス制御あるいはフィードバック制御で行われます。

# 第6章

# 環境対策と省エネ

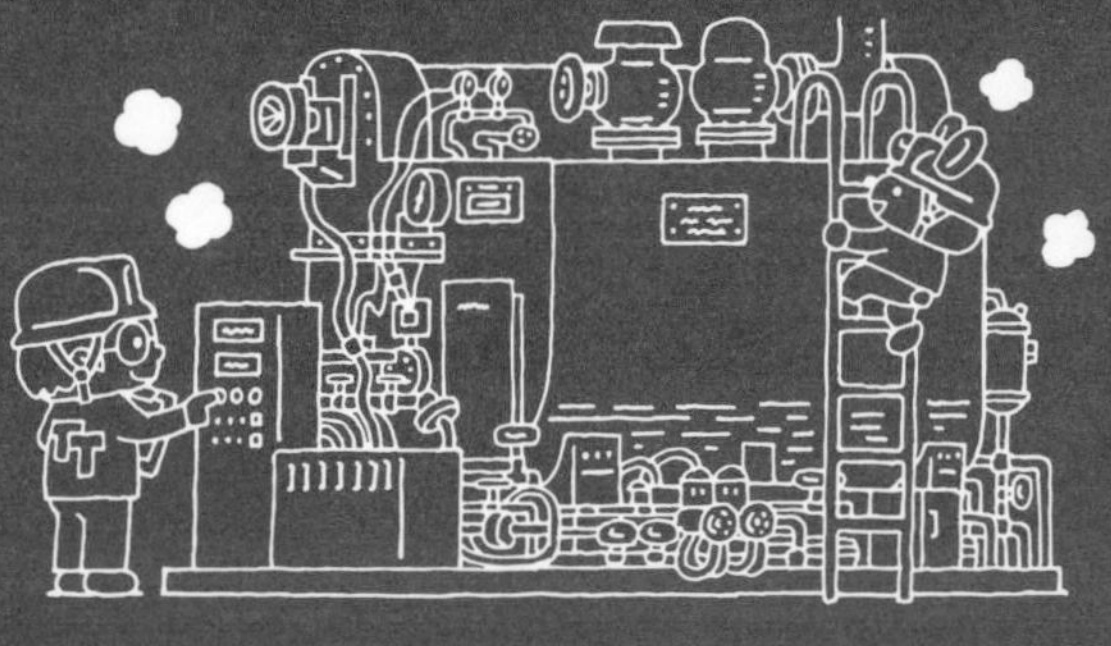

# 37

# ボイラーにおける環境対策、省エネ化への努力

## 省エネ法で定める改善

最近の地球温暖化対策や環境対策への社会的な要求に関連して、ボイラーをはじめエネルギーを消費する機器、装置に対して大幅な省エネ化が求められています。我が国における省エネ法では、①エネルギー効率の高い設備の導入、②既存設備の更新および省エネ化付加設備の導入、③エネルギー管理者による総合的なエネルギー管理と標準化した運転、保守、点検の管理、④余剰エネルギーの再利用、などを事業者に求めています。ボイラーでも次に示すような方法で、省エネを実施する努力がなされています。

(1)蒸気や温水、排ガスの温度、圧力、流量の計測と記録、それらの結果を利用した適正運転

例えば、排ガス温度が20℃高くなると熱効率が1%程度低下することから排ガス温度を測定し、これを適正温度に保つように管理し省エネ化しています。同様に、排ガスや蒸気・温水の温度、圧力、流量、装置炉壁の温度などを正確に測定し、その測定結果と燃焼の関係を明らかにすることで、ボイラーをより効率的に運転させるシステムを検証し実用化しています。

(2)熱回収型装置の利用や熱回収型装置への切り替え

①排熱を利用して温水や蒸気を作り出し、再利用するコージェネ型装置の利用

②エコノマイザ、ガス・エアヒーターの増設(ボイラーの排気ガスから熱を回収する)

③温水ヒーターを潜熱回収型に変更

などの方法で実施されています。

(3)装置の点検保守

炉壁へのスケールなどの付着状態やバーナチップの摩耗状態の確認と、その適正状態の維持を日常の点検、管理などにより実施しています。

(4)使用する燃料の効率化

各燃料特性を考慮した燃焼の高効率化、省エネ化の工夫がなされています。

**要点BOX**

●ボイラーでも環境に配慮した対策を行っている
●省エネ法では省エネ設備の導入や更新、エネルギーの適切な管理と再利用を求めている

## 地球温暖化対策・環境対策に対する社会的要求とボイラーにおける対応

| 省エネの指針 | | ボイラーにおける対応 |
|---|---|---|
| ① | エネルギー効率の高い設備の導入 | 燃料ごとに、それぞれの燃料特性を考慮した高効率化　など |
| ② | 余剰エネルギーの再利用など、既存設備の更新および省エネ化付加設備の導入 | ①コージェネ型装置の利用<br>②エコノマイザ・エアーヒータの増設<br>③潜熱回収型温水器への変換　など |
| ③ | エネルギー管理者によるエネルギーの総合的管理 | ①温度、圧力、流量の計測と記録・管理とそれらの結果を利用した適正運転<br>②炉壁へのスケール付着やバーナチップの摩耗の点検、管理　など |

ボイラーにも大幅な
省エネルギー化が
求められています。

# 38 燃焼により発生する有害物質

## 温室効果ガスと不純物

ボイラーは、燃料を燃やすことで蒸気や温水を発生させる装置です。したがって、燃料を少しでも効率よく燃やし、大きなエネルギーを取り出すことは極めて重要な課題です。一方で、燃料を燃やすと有害ガスや有害物質を発生させます。そこで、ボイラーの運転では、エネルギーを効率よく取り出すことと有害物質の発生を抑えることを考える必要があります。

燃焼とは、物質が酸素と激しく結合する酸化反応により、熱と光を生み出す現象です。この燃焼に使われる燃料となるのが、炭素と水素を基本構造とした有機化合物である石炭や石油、天然ガスなどの化石燃料です。資源エネルギー庁の2016年度の統計では、石油および石炭、天然ガスなどが約90%（内訳は石油：石炭：ガス=2：1：1）、残りの10%が水力や新エネルギーです。

ボイラーの運転に利用される燃料も火力が中心ですが、使用する燃料はボイラーの種類によって異なり、石油などの液体、石炭などの固体、LNGなどの気体に分類されます。

これらの燃料と酸素が反応し燃焼すると、二酸化炭素（$CO_2$）と水（$H_2O$）になります。つまり、燃料を燃焼させることで、地球温暖化につながる温室効果ガスである二酸化炭素を排出しているのです。加えて、石炭や石油には、不純物とも言える硫黄（S）や窒素（N）、さらに重金属であるバナジウム（V）などが含まれることも忘れてはいけません。硫黄や窒素は、燃焼による酸化反応によって硫黄酸化物（$SO_x$）や窒素酸化物（$NO_x$）を発生させ、大気汚染や酸性雨の原因ともなり人体に悪影響を及ぼします。また、バナジウムなどの重金属は、酸素と結合して酸化物を形成し、腐食などによりボイラーの寿命の低下をもたらします。こうしたことから個々の燃料に対し、いかにエネルギーを効率よく取り出し、有害物質の発生を抑えるかの工夫が必要となるのです。

**要点BOX**

- 燃焼は有害物質を発生させる
- 燃焼で発生する温室効果ガスが温暖化を促進
- 化石燃料の不純物は環境に悪影響を与える

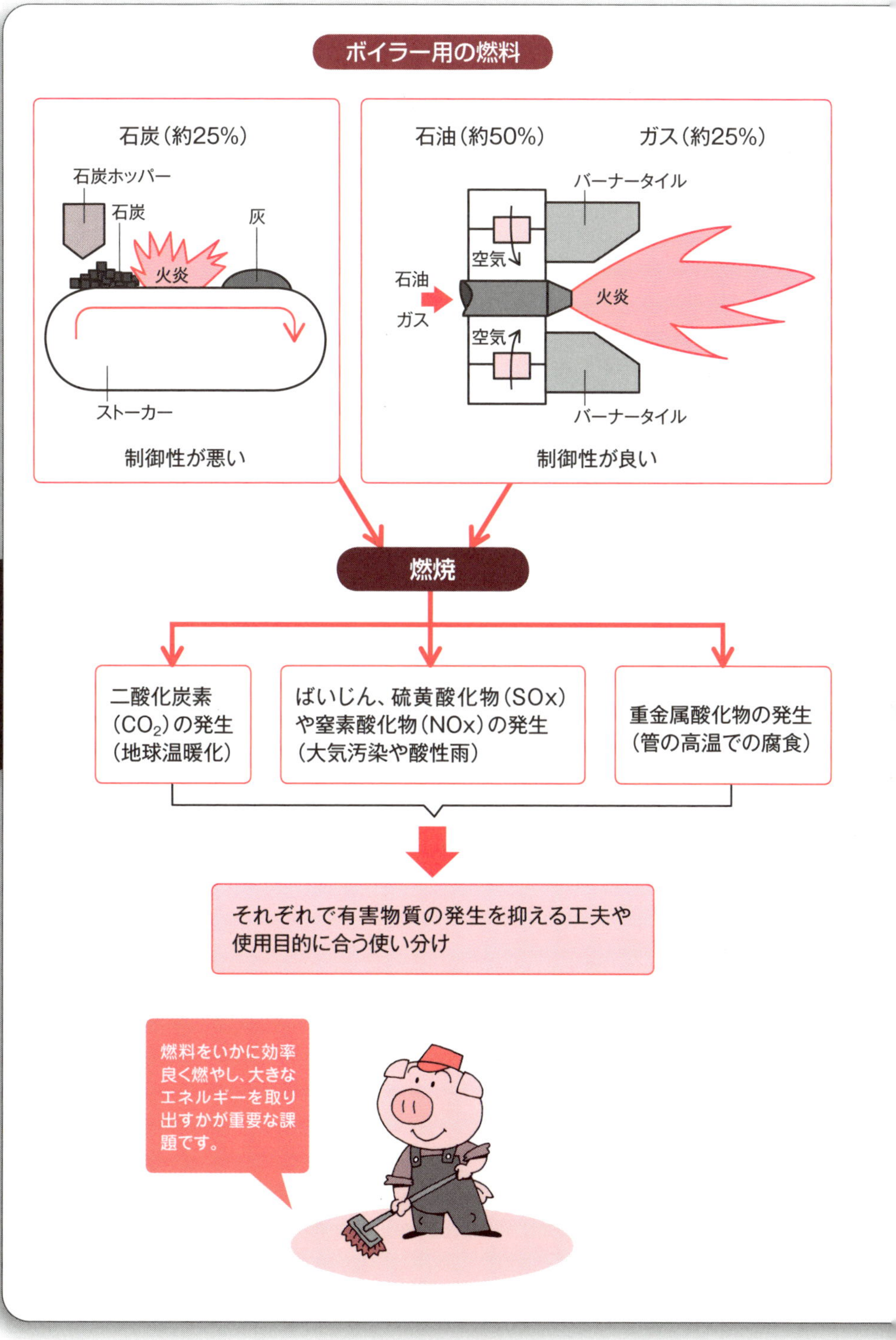
ボイラー用の燃料
石炭（約25%）
石炭ホッパー
石炭
火炎
灰
ストーカー
制御性が悪い
石油（約50%）
ガス（約25%）
バーナータイル
空気
石油
ガス
空気
火炎
バーナータイル
制御性が良い
燃焼
二酸化炭素（$CO_2$）の発生（地球温暖化）
ばいじん、硫黄酸化物（SOx）や窒素酸化物（NOx）の発生（大気汚染や酸性雨）
重金属酸化物の発生（管の高温での腐食）
それぞれで有害物質の発生を抑える工夫や使用目的に合う使い分け
燃料をいかに効率良く燃やし、大きなエネルギーを取り出すかが重要な課題です。

# 39 固体燃料における環境対策

## 石炭を利用した省エネ

固体燃料として、代表的なものが石炭です。石炭は、大昔の植物が地中に埋没し、長い間に地下深部の地熱と地圧を受け炭素に富む物質となったものです。この変化の程度を表すのが炭化度で、炭化度が高い無煙炭から炭化度が低い褐炭《かったん》（植物質が多く残り、水素や酸素が多く炭素質が少ない石炭）などに区別されます。瀝青炭《れきせいたん》は、火力発電用燃料などに使用されます。

石炭は、石油や天然ガスに比べ埋蔵量の豊富な資源であり、調達コストが安く安定供給に優れる特徴がある反面、燃焼時に大気汚染物質を排出するほか、温暖化の原因となる二酸化炭素の発生量が多いという難点があります。そこで、石炭の利用に関しては、環境負荷の軽減を目的とした技術的工夫が重要になります。そのための技術が、クリーン・コール・テクノロジー（CCT）と呼ばれるものです。この技術の先端的な手法として注目されているのが、石炭ガス化複合発電技術です（石炭を加熱して熱分解させることで発生する高温ガスによって、ガスタービンと発電機を動かします。さらに、排ガスの熱で発生させた蒸気で蒸気タービンや発電機を動かして、効率よく電気を発生させます）。2つの発電の組み合わせによる複合発電方式であるこの技術は、発電効率を高め、二酸化炭素の発生量を低減できる仕組みになっています。

また、石炭を微粉（微粉炭）にし、石油などの液体燃料と同じような燃焼に近づけることで、省エネを可能にしています。この方法は、微粉炭を空気（1次空気）で噴き出し、燃焼用の空気（2次空気）とよく混合させます。それにより、安定着火や燃え切りによる効率の向上が可能となります。さらに、微粉炭と建築廃材や間伐材で作る木質チップ、汚泥紛などのバイオ燃料と混ぜて燃焼させる方法で二酸化炭素の発生を低減することも可能になっています。なお、石炭を燃料とする場合は、環境対策として、脱硝装置、脱硫装置、集塵機などが使用されます。

**要点BOX**

- 石炭化の進んだ石炭が燃料として使われている
- CCTは環境負荷の軽減を目的とした技術
- 石炭をガスにして発電に使用している

## 固体燃料としての石炭

（埋蔵量が豊富で安定供給に優れ調達コストが安い）

| 分類 | | 炭化度 | 燃料比※ | 備考 |
|---|---|---|---|---|
| 炭質 | 区分 | | | |
| 無煙炭 | A1 | 高 | 4.0以上 | 練炭の原料、電極の製造などの特殊用途 |
| | A2 | ↑ | | |
| 瀝青炭 | B1 | ↑ | 1.5以上 | 製鉄用コークス原料 |
| | B2 | ↑ | 1.5未満 | 製鉄用コークス原料、ボイラー用燃料 |
| | C | ↑ | ー | ボイラー用燃料 |
| 亜瀝青炭 | D | ↑ | ー | ボイラー用燃料、その他の熱源用 |
| | E | ↑ | ー | |
| 褐炭 | F1 | ↑ | ー | ※発熱量が低いため、生産地付近での火力発電用の燃料などとして利用 |
| | F2 | 低い | ー | |

※燃料比 ＝ 固定炭素 ÷ 揮発分

石炭の分類（JISM1002）

↓ **燃焼** ↓

**大気汚染物質を排出、**
**さらに二酸化炭素の発生量が多い**

↓ **対処法** ↓

| | |
|---|---|
| 石炭のガス化 | 石炭を加熱し熱分解で高温ガスを発生させ、ガスタービンと発電機を動かす。加えて、排ガス熱で蒸気を発生させ蒸気タービン、発電機を動かす　など |
| 石炭を微粉化 | 石油などの液体燃料と同じような燃焼に近づけ、制御性や燃焼効率を高める　など |
| 微粉炭とバイオ燃料との混合 | 燃料の複合化による二酸化炭素低減効果　など |

# 40 液体燃料における環境対策

## 原油を利用した省エネ

液体燃料は、原油を蒸留して得られる灯油、軽油、重油（A重油、B重油、C重油があります）に類別されます。基本的に、灯油からC重油になるにしたがい、密度が大きく粘性が増して流れにくくなり、引火点（重油を加熱した時、表面から発生する蒸気に火炎を近づけることで燃焼し始める温度）が高く、発熱量も小さくなるなど燃料としての品質が劣ります。

昭和30年代から、それまでの石炭中心から重質油と呼ばれるB重油やC重油に替わり始めます。当初、ボイラーにも使われた重質油には数%の硫黄分や窒素化合物が入っており、ボイラーからの排出ガス中には多量の大気汚染物質が含まれていました。その頃、国内各地の工業地帯では大気汚染による公害の発生が問題視され、環境への対策が不可欠になっていました。そこでボイラーでは、1種1号に相当する低硫黄分のA重油をビルなどの暖房ボイラーに、1種2号に相当するA重油をビニールハウスなどの加温用のボイラーに、C重油を火力発電用や産業用の大型ボイラーに、用途によって使い分けが行われるようになります。さらに、ボイラーの燃料油には、大気汚染のおそれが少ない軽質油と呼ばれる灯油やA重油も使用されるようになりました。ただ、高品質なA重油は高価格であるため、電力会社などで使用されている大型のボイラーでは、原油を予熱して粘度を下げて燃料としています。

また、蒸気や圧縮空気、重油自体の圧力などを利用して火口のバーナー噴出孔から重油を霧状にして噴き出し、噴出粒子を微粒子化して空気（酸素）との接触面積を大きくすることで、高温で効率よく燃焼できるようにしています。一方、重油に混入した水分は各種の不純物（スラッジ）を生成し、燃料配管中のストレーナを塞ぎます。さらに、いきづき（振動）燃焼と呼ばれる不安定燃焼を発生させ、燃焼効率を低下させる問題を引き起こします。

**要点BOX**

- 原油を蒸留して得られる燃料は特性が異なる
- ボイラーの用途によって燃料油を使い分けている
- 重油を噴出して効率よく燃焼させる工夫もある

## 各種石油燃料の特性と利用

| | A重油 | B重油 | C重油 |
|---|---|---|---|
| 15℃での密度（g/$cm^3$） | 0.86 | 0.89 | 0.93 |
| 引火点 | >60℃ | | >70℃ |
| 低発熱量（MJ/kg） | 42.73 | 42.40 | 40.92 |
| 理論空気量（$m^3$N/kg） | 10.9 | 10.7 | 10.4 |
| 水分 | <0.3% | <0.4% | <0.5% |
| 灰分 | <0.05% | | <0.1% |

A重油：高価であるが燃料としての特性の全てに優れ、ビルやビニールハウスの暖房用ボイラーに利用

B重油：A重油とC重油の中間的な特性となるが、あまり利用されていない

C重油：燃料としての特性は劣るが、安価であり、80～100℃に加熱することで流動性を高めるなどの工夫で、発電や産業用の大型ボイラーに利用

ビニールハウスの
暖房用ボイラーとしても
活躍しているね。

# 41 気体燃料における環境対策

## 天然ガスを利用した省エネ

ボイラーに用いられる気体燃料には、天然ガスや都市ガス、液化石油ガス、副生ガス（製油所の精製工程で排出されるオフガス）などがあります。

天然ガスは、地中から天然に発生するメタンガスを主成分とする可燃性ガスの総称で、我が国における需要のほとんどが、船で輸入した天然ガスを精製して-162℃に冷却、600分の1の体積にしたLNG（液化天然ガス）でまかなわれています。LNGは、火力発電用ボイラーの燃料や、組成の約90%がメタンガスである都市ガス（13A）にされ、産業用ボイラーなどの燃料として使用されています。また、LPG（液化石油ガス）は石油の精製過程で生産されるプロパンやブタンを主成分としており、加圧すると常温に近い温度でも液化することから、このように呼ばれています。LNGと同様、体積を小さくすることで貯蔵や輸送が容易になり、産業用ボイラーに利用されています。

LNGは、炭素と水素の化合物である炭化水素が主成分であることから、燃焼させた時の$CO_2$排出量を少なく抑えられます（おおむね固体燃料の60%程度、液体燃料の75%程度です）。加えて、燃料中に硫黄分や窒素分がほとんどなく、燃焼ガスがクリーンであり、灰分もほとんど無いため、燃料を燃焼させた際に固体微粒子を発生しないなどの優れた特質があります。さらに、ガスであることから空気との混合の調整が容易で、均一な燃焼を維持しやすいなど燃料として優れた特徴を数多く有しています。一方で、燃料コストが高いことやガス漏れによりガスと空気が混合して爆発事故の危険性がある（比重の小さいLNGは天井部に、比重の大きいLPGは床面部に滞留しやすいため注意が必要）ので注意が必要です。

なお、天然ガスの埋蔵量は石油に匹敵するほど豊富に存在することが確認されている上、最近注目されているシェールガスの供給などもあり、燃料の安定確保の面でも安心して利用できる燃料と言えます。

**要点BOX**

- ●LNGやLPGがボイラーに使われている
- ●クリーンだがコストが高く事故の危険もある
- ●気体燃料の埋蔵量は豊富にある

## 気体燃料（天然ガスや都市ガス、液化石油ガスなど）

① 燃焼させた時の$CO_2$排出量が少ない
（固体燃料の60%程度、液体燃料の75%程度）
② ガスであることから空気との混合が容易で制御しやすく、均一な燃焼を維持しやすい
③ 液化することで体積を小さくでき、輸送や保管が容易

一方で、
① 燃料コストが高い
② ガス漏れによる爆発災害の危険性がある

### 液化天然ガス

メタンガスが主成分で、液化したものがLNG：火力発電用ボイラーの燃料や、都市ガスにして産業用ボイラーなどに使用

比重が小さく天井部に滞留
（滞留量が多く大きな爆発が発生）

### 液化石油ガス

石油の精製過程で出るプロパンやブタンが主成分で、液化したものがLPG：産業用ボイラーなどに使用

比重が大きく床面部に滞留
（点火源が多く、特に注意が必要）

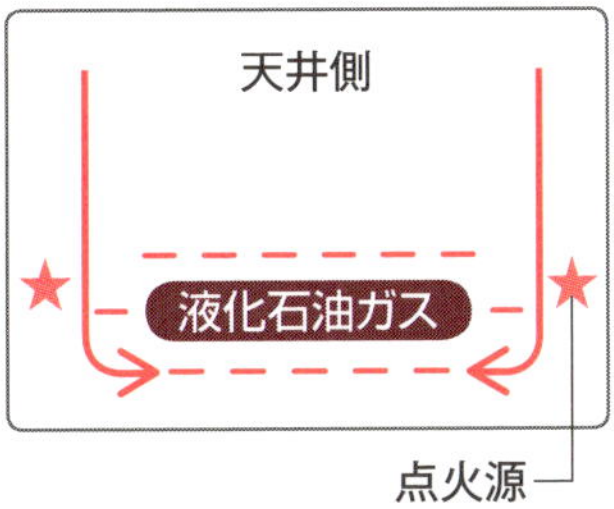


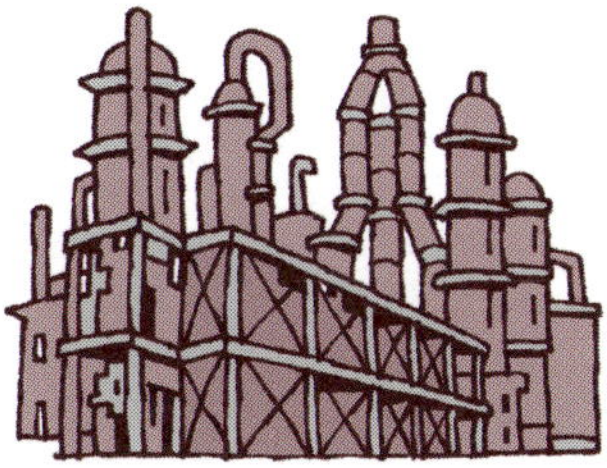

# 42 特殊燃料による環境対策

廃棄物などを利用した省エネ

ボイラーに使用される燃料の多様化が進み、代表的な重油などの燃料以外に特殊燃料と呼ばれる燃料も利用されるようになっています。

代表的なものが、「黒液」と呼ばれる、製紙工場においてパルプの製造過程で木片を化学的に処理する際に排出される黒色の液体です（排出された直後は多量の水分を含んでいるため、固形分が70％程度となるように濃縮することでボイラーの燃料として燃焼させることができるようになります）。また、「バガス」は、製糖工場においてサトウキビを圧搾し糖分を絞り出した後に残った残留物のことです。サトウキビを搾汁した場合、元のサトウキビの約20％程度がバガスとして得られ、製糖工場内にあるボイラーの燃料となります。

さらに、廃タイヤ（使用済みタイヤ）は、ゴムを燃料としており、特殊燃料の中でも発熱量が高いことに大きな特徴があります。しかし、ボイラーなどの燃料に使用すると、黒煙と硫黄酸化物を発生しやすく、悪臭を発生するといった難点があります（したがって、廃タイヤを燃料として利用する場合はこうした難点の対策が不可欠となります）。また、都市ごみは、水分を多く含む場合や不燃物、難燃物が混在する場合も多く、安定した発熱量を得にくいことが難点です。それでも各市区町村で運営される清掃工場などで、ごみ焼却時に得られる熱をボイラーに利用し始めています。さらに、都市ごみは、「固形化燃料（RDFとも呼ばれ、都市ごみを乾燥し固形化したもの）」とすることで処理前の都市ごみよりも発熱量が高くなります。反面、乾燥や成形固化に加工費用が必要で、品質が安定しないなどの難点もあります。

いずれの燃料も本来の燃料とは言えませんが、廃棄されるはずの物から燃料（エネルギー）を取り出して発電などに活用することで、廃棄物を減らすことによる環境負荷の軽減、従来の化石燃料に代わる資源の有効利用につながるのです。

**要点BOX**

- ●工場廃液や廃棄物も燃料になる
- ●廃棄物を燃料とするには悪臭などの対策が必要
- ●廃棄物を減らすことで資源を有効利用している

## 廃棄物などを利用する特殊燃料

廃棄物を減らし環境負荷を軽減、
資源の有効利用などの効果に着目

## ボイラーに使用される特殊燃料

| | |
|---|---|
| 黒液 | パルプ製造過程で木片を化学処理する際に出る黒色液体（多量の水分を除去、70%程度固形分にして燃焼させる） |
| バガス | サトウキビを圧縮し糖分を絞り出した後に残った残留物（元のサトウキビの約20%程度がバガスとして得られる） |
| 廃タイヤ | 発熱量が高いが、黒煙と硫黄酸化物や悪臭を発生する |
| 都市ごみ | 水分や不燃物、難燃物が多く、安定した発熱量を得にくい |

## 製紙工場における黒液とボイラーの関係

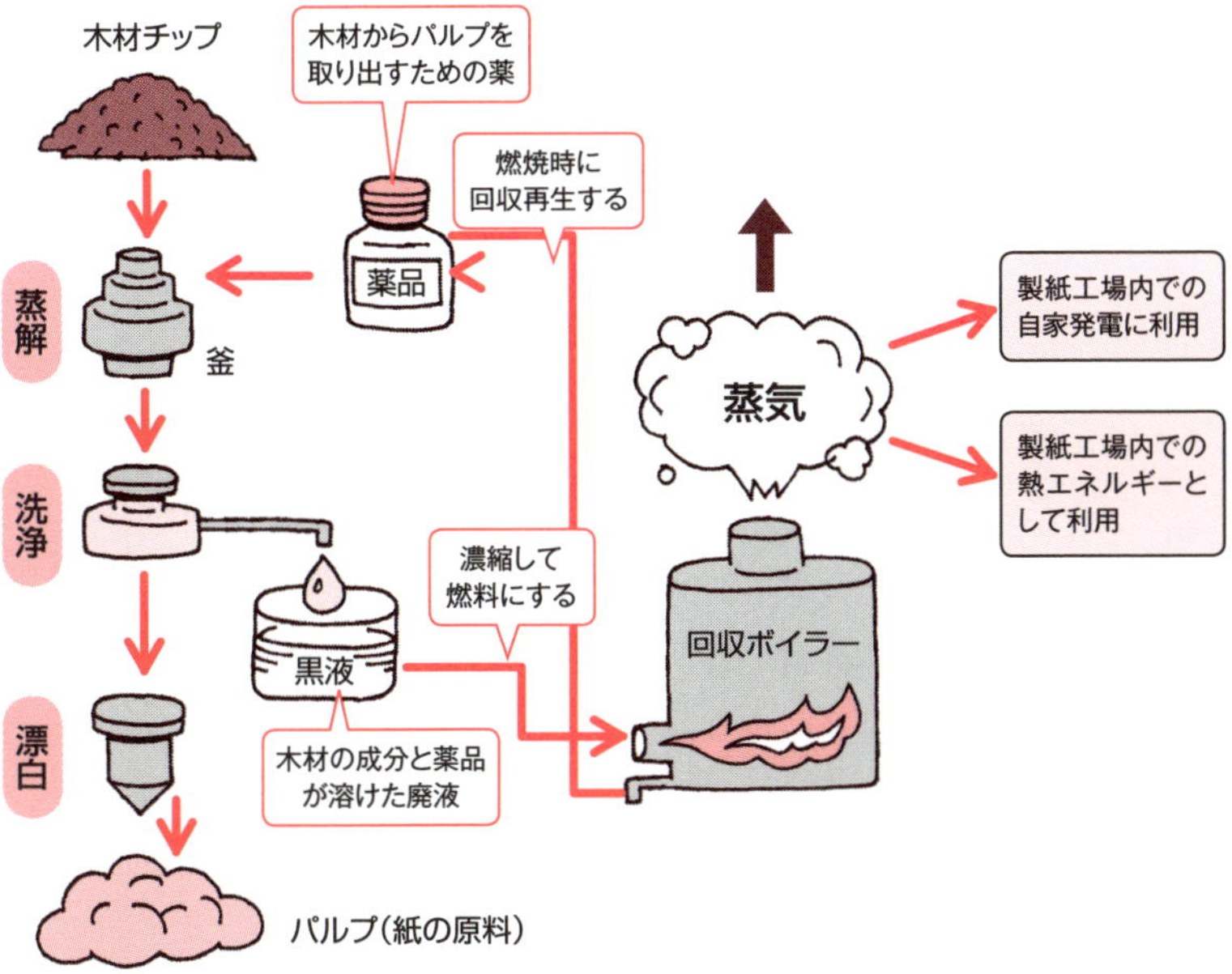

# 43 バイオマス燃料による環境対策

## 再生可能エネルギーを利用した省エネ

一般にボイラーに利用される石炭、重油などの化石燃料は、使用し続けるといずれは無くなります。そのため半永久的に生産可能なエネルギー源、いわゆる再生可能エネルギーが注目されています。バイオマスがその一つで、今後、ボイラーの燃料として活用されることに関心が集まり、注目されています。

バイオマスは、生物を表す「bio」と量を表す「mass」の合成語です。すなわち、バイオマス燃料とは「動植物から生まれた再生できる資源」と解釈することができます。したがって、バイオマス燃料の種類は非常に多く、42項の特殊燃料として挙げた「黒液」や「バガス」などもバイオマス燃料と言えます。さらに、木屑《きくず》（木材）、バーク（樹木皮）、稲わら、もみ殻、家畜排せつ物、食品廃棄物など広く存在している燃料です。

これらのバイオマス燃料は、ボイラーの燃焼において、当然二酸化炭素を発生します。二酸化炭素を発生することはこれまでの化石燃料と同様であり、環境にやさしい再生可能エネルギーと言えません。ではなぜ、バイオマス燃料が環境にやさしい再生可能エネルギーと位置づけられているのでしょう。それは、バイオマス燃料を燃焼させた時に発生する二酸化炭素は、もともと植物自身が成長する過程（光合成）に大気中から取り込んだものであり、燃焼して二酸化炭素を発生したとしても、大気中の二酸化炭素の量はトータルとして変化しないからなのです。

こういった考えを「カーボンニュートラル」と呼び、地球温暖化対策システムとして注目されています（実際に稼働しているバイオマスボイラーの中には、これまで未利用で廃棄されていた間伐材などを活用することで蒸気を作り出し、約1万世帯分の発電を行っている例があります）。なお、こうしたバイオマス燃料が再生可能エネルギーと呼ばれるのは、一旦これを燃料として使用しても、植林などで新たな苗木を育てることで資源として再生できるからです。

**要点BOX**

- バイオマスは動植物由来の再生できる資源
- バイオマスは二酸化炭素量を増やさずクリーン
- 育てることで燃料としての資源を再生できる

## バイオマス燃料

動植物から生まれる半永久的に生産可能な
再生可能エネルギー（バイオマス燃料）

↓ **素材**

「黒液」や「バガス」のほか、木屑（木材）やバーク（樹木皮）、
稲わら、もみ殻、家畜排せつ物、食品廃棄物など

↓ **燃料としての利用**

燃焼により二酸化炭素が発生するが、①発生する二酸化炭素は、もともと植物自身が成長する過程（光合成）で大気中から取り込んだものであり、大気中の二酸化炭素の総量は変化させない、②これを燃料として使用しても、植林などの方法で再資源化できる、などに着目

## バイオマスエネルギーによる循環の仕組み

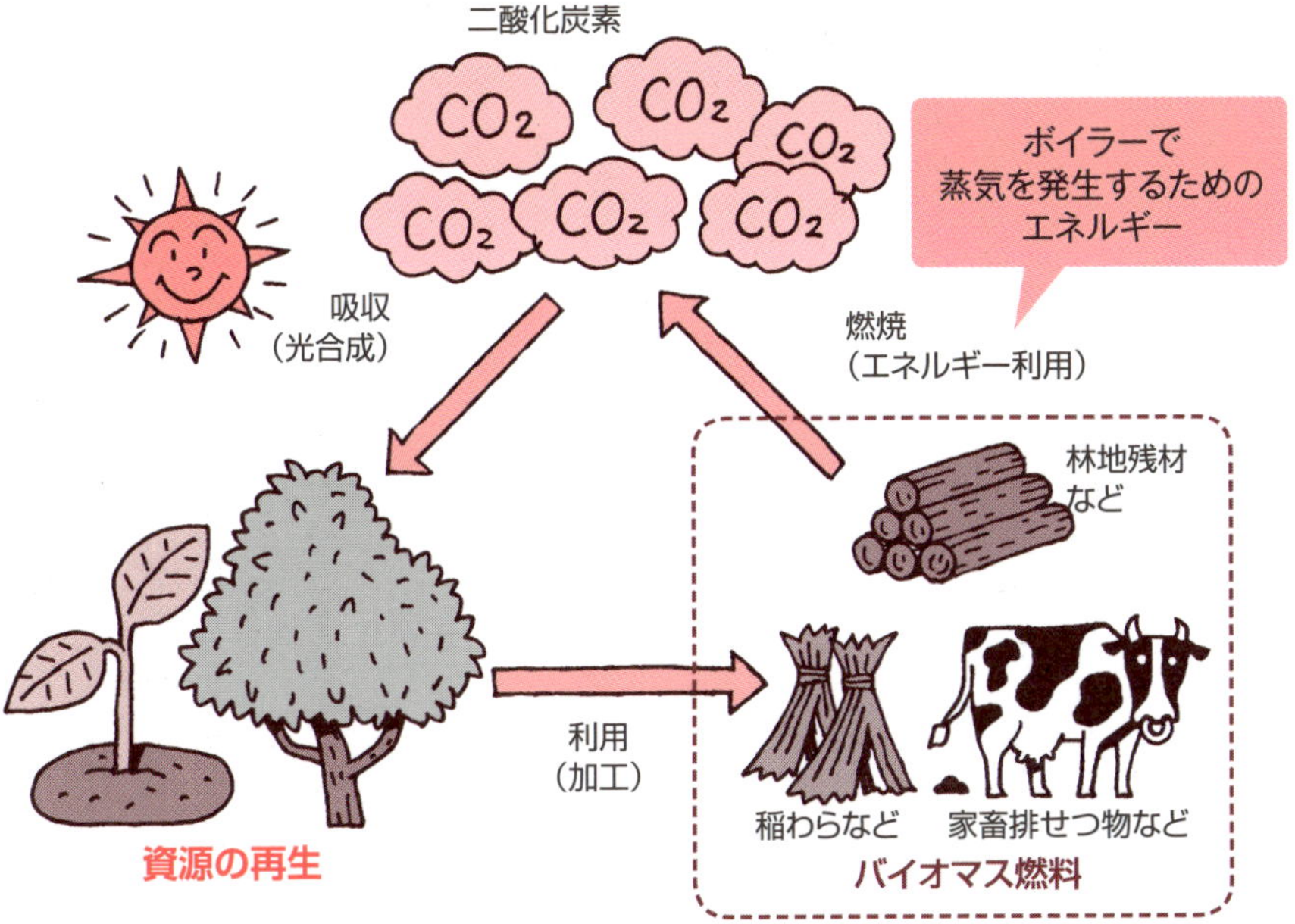

Column

# 日々求められる省エネへの努力

ボイラーにおいては、各種燃料ごとに最適な燃焼状態になる方法を採用したり、より良い燃焼状態にする工夫を加えることで、蒸気や温水を作り出すためのエネルギーを少なく抑え、省エネに貢献しようとする努力がなされています。

その一例が「エコノマイザ」と呼ばれる附属装置です。エコノマイザは、ボイラーへの給水用の水を排気ガスの熱を利用して予め温めておこうとする装置です（すなわち、排気ガスなどとして失われてしまう熱エネルギーを、ゼロにすることはできなくとも少しでも別の仕事に利用するのです）。

ボイラーでは、こうした考え方を「熱回収」と呼び、水の加熱だけでなく空気の余熱を採用することや蒸気が凝縮した高温水を回収するなどで省エネにつなげています。さらに、燃焼時の省エネ努力としては、比例動作に微分動作、積分動作などを組み合わせるなどにより、必要とされる蒸気量に応じ燃焼状態を制御することで省エネにつなげています。また、燃焼させる時の燃料と空気の混合比率を最適の1より少し大きい状態になるよう管理する方法、一日の中での必要燃焼量の変化から無駄のない連続運転ができる制御システムの開発などにより省エネ化を実現させています。

最近では、蒸気や温水の温度、圧力、流量、装置炉壁の温度などを正確に測定、その測定結果と燃焼の関係を明らかにし、よりボイラーを効率的に運転させるための計測・制御システムが開発、実用化されています。

こうした方法に加え、設備をつなぐ配管に保温カバーを付けたり、使用しているモーターを省エネ効果のあるインバータのものに切り替える、日常の点検・管理で設備の適正維持をはかるなどの工夫で、ボイラー運転での省エネルギーにむけた努力がなされています。

ボイラーにおいては、省エネに貢献しようとする努力がなされています。

# 第7章

# ボイラーの構成と各種装置

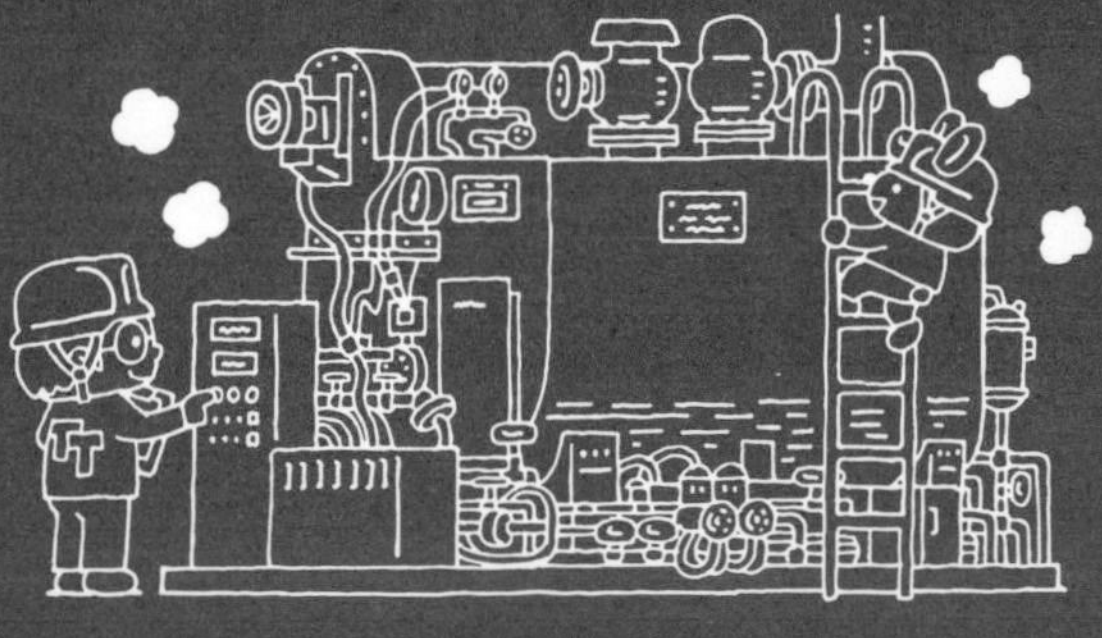

# 44 ボイラーは設備の組合わせでできている

## 給水系、燃焼系、本体、送気系

ボイラーは、給水系設備、燃焼系設備、ボイラー本体、蒸気を送り出す送気系設備で構成され、ボイラー本体の形状などで分類されます。

(1)給水系設備

給水系設備は、①ボイラー水の原水を原水タンクに送り込む原水ポンプ、②原水タンクから送られてきた水をボイラー水に適する状態にする軟化装置（CaやMgなどの除去）とボイラー給水を貯めておく給水タンク、③給水タンクからボイラー本体にボイラー給水を送り出す給水ポンプ、などで構成されます。

(2)燃焼系設備

燃焼系設備は、①重油などの燃料を送り出す設備と、②燃焼を行うバーナーで構成されます。

(3)ボイラー本体

水管ボイラーを例にとると、ボイラー本体は、①燃料を燃やし、熱を発生させる燃焼室となる火炉《かろ》、②火炉を構成する水冷壁および蒸発管などの伝熱管、③伝熱管にボイラー水を供給する水ドラム、④蒸気とボイラー水を分離する蒸気ドラム、⑤附属の設備として省エネのためのエコノマイザや空気予熱器（エアヒーター）が加わり構成されます。

なお、燃焼による伝熱管の加熱で、水冷壁のように火炎から放射される熱で加熱される面を放射伝熱面、火炉から出てきた高温の燃焼ガスの熱で加熱される面を「接触伝熱面」と呼びます。また、蒸気ボイラーの能力規模を示すボイラー容量は、最大連続負荷の状態で1時間に発生する蒸気の量で示します（蒸気発生に要する熱量は、基礎知識で示したように蒸気の温度と圧力、給水されるボイラー水の温度で変化します）。

また、投入した熱量に対する蒸気発生のために吸収した熱量の比を「ボイラーの効率」と呼びます。

(4)送気系設備

蒸気を蒸気利用機器に送る配管設備など。

要点BOX

●ボイラーは給水系設備、燃焼系設備、ボイラー本体、送気系設備からなる
●ボイラーの形状などにより分類される

## ボイラー構成の概要

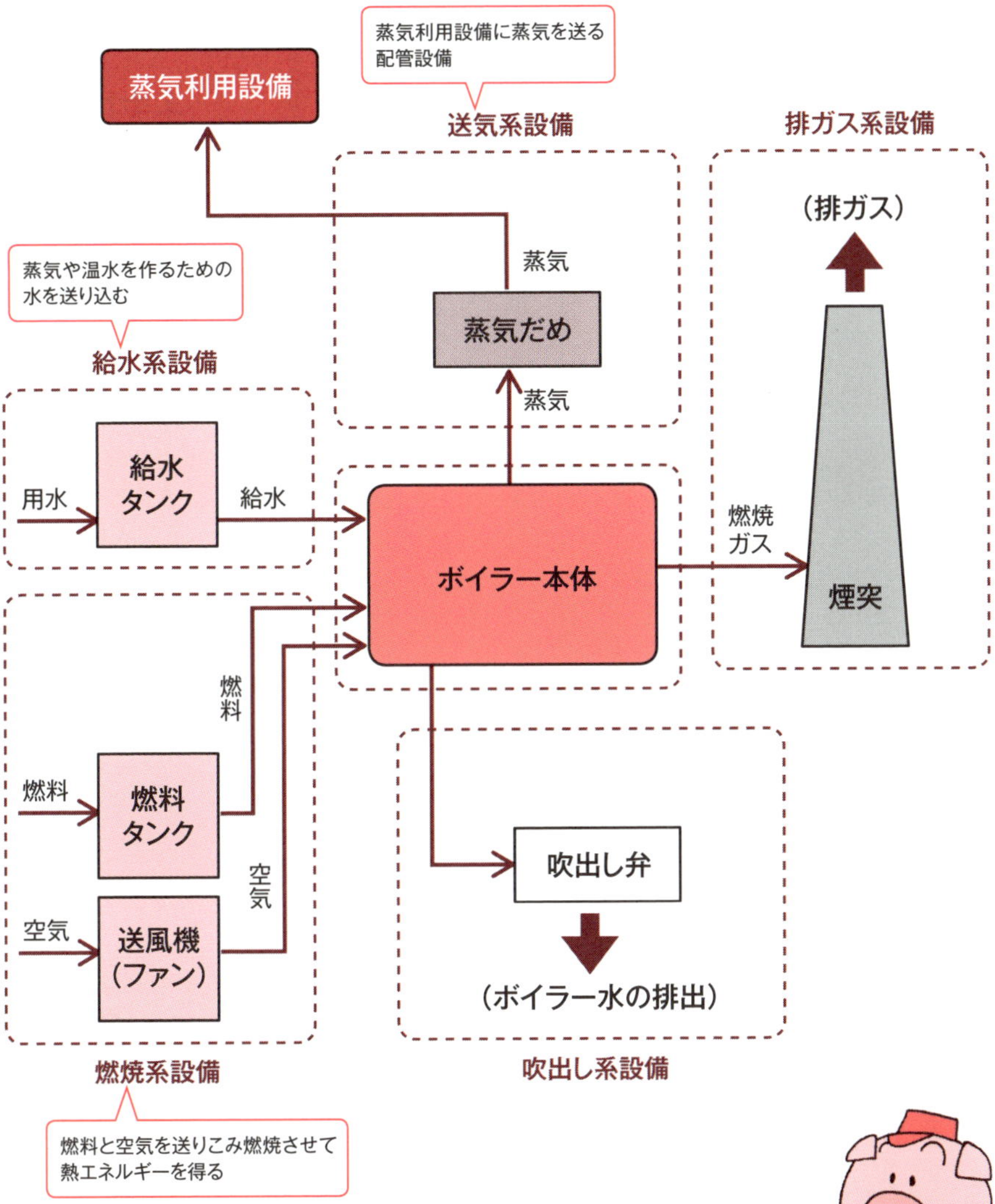
蒸気利用設備
蒸気利用設備に蒸気を送る配管設備
送気系設備
排ガス系設備
（排ガス）
蒸気
蒸気だめ
蒸気
蒸気や温水を作るための水を送り込む
給水系設備
用水
給水タンク
給水
ボイラー本体
燃焼ガス
煙突
燃料
燃料
燃料タンク
空気
空気
送風機（ファン）
吹出し弁
（ボイラー水の排出）
燃焼系設備
吹出し系設備
燃料と空気を送りこみ燃焼させて熱エネルギーを得る

# 45 丸ボイラーの構成と特徴





丸ボイラーは、燃焼室（火室あるいは炉筒とも呼びます）を円筒形の本体胴の下部に設置し（内だき）、その熱で水を加熱（放射伝熱）する炉筒ボイラー、燃焼室を本体胴の外部に設置し（外だき）、胴の水部を通る管（煙管）に高温の燃焼ガスを通して水を加熱（接触伝熱）する煙管ボイラー、両方の加熱方式を取り入れた炉筒煙管ボイラーがあります（多くは、効率の良い炉筒煙管方式で利用されます）。

## (1)炉筒煙管ボイラーの構成

燃焼系設備は、燃料を送り出す設備とバーナーによって構成されます。なお、伝熱面積を広くし効率をできるだけ高めるため、燃焼室には壁面を波形にした波形炉筒を、煙管には管の胴にらせん状の溝を施したスパイラル管を用いるなどの工夫が施されます。

## (2)炉筒煙管ボイラーの特徴

炉筒煙管ボイラーは、炉筒および煙管が一体でパッケージ化されており、レンガ積みの燃焼室を必要とせず製作、据付け工事が容易になります。一方で、炉筒と煙管が多数組み込まれているため内部清掃が難しく、ボイラー水の水質が悪いと水に接している炉筒や煙管の表面にスケールなどが付着し熱効率を悪くします（そのため、ボイラー水には良質の水を確保する必要があります）。

なお、46項で説明する水管ボイラーに比べ、伝熱面積に対するボイラー水の量が多くなり、所定の量の蒸気を発生するまでの時間が長いという短所や、負荷の変動に対し圧力や水位が変化しにくいという長所があります。

## (3)さらなる燃焼効率の向上

炉筒煙管ボイラーでは、さらなる燃焼効率向上のため、①燃焼室内の圧力を大気圧以上に保つことで、燃料の燃焼効率を高める、②炉筒端面を閉じて、燃焼火炎を終端で反転させて前方に戻す戻り燃焼方式を採用する、などの方法が付加されます。

**要点BOX**

- 炉筒煙管ボイラーがよく利用される
- 製作、据付け工事は容易だが維持が難しい
- 負荷の変動に強い

## 各種の丸ボイラー

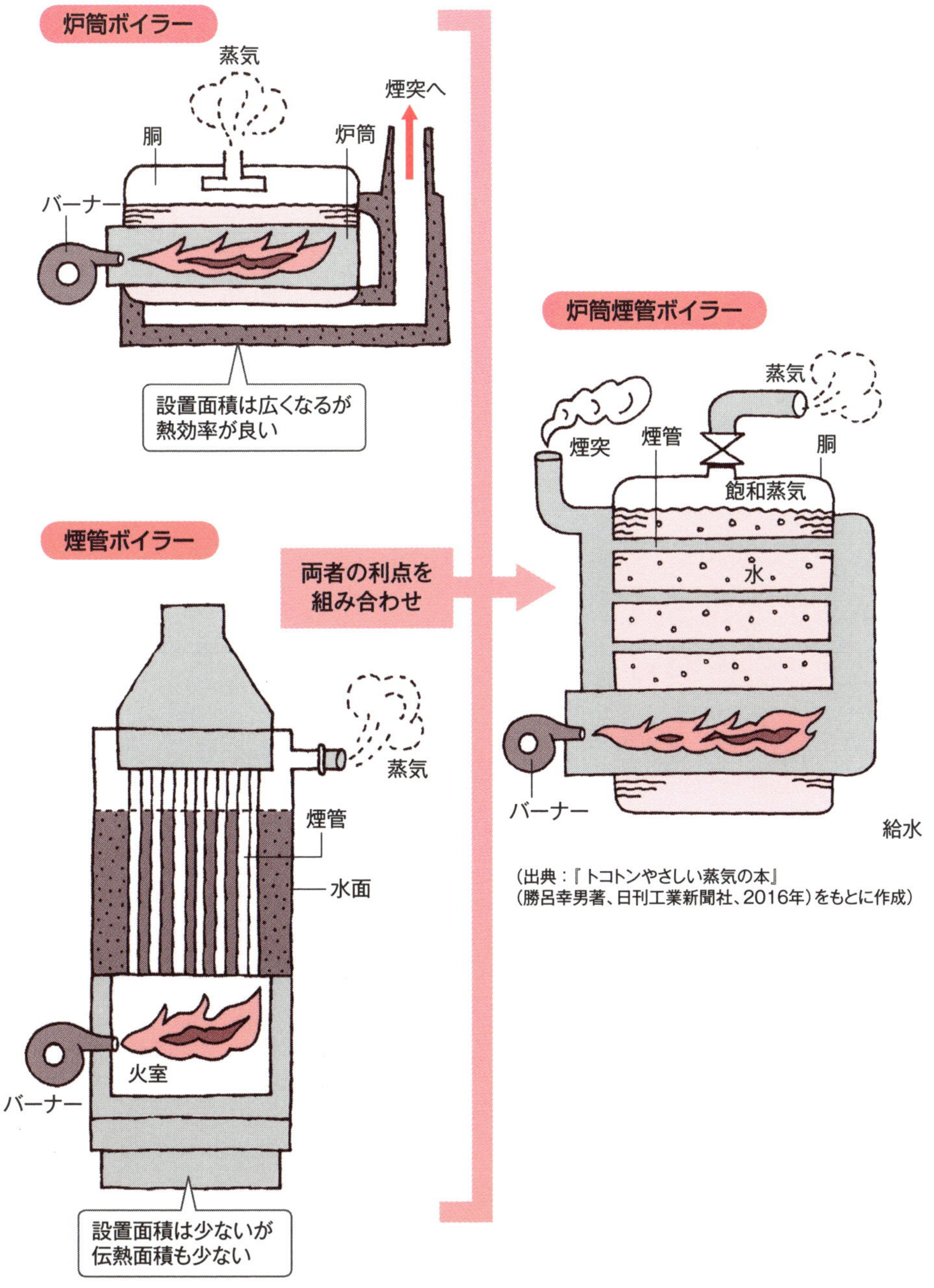


（出典：『トコトンやさしい蒸気の本』
（勝呂幸男著、日刊工業新聞社、2016年）をもとに作成）

# 46 水管ボイラーの構成と特徴

## 自然循環式と強制循環式

　水管ボイラーは、水管内の水を加熱し蒸気や温水にする方式のボイラーで、①自然循環式、②強制循環式、③貫流式に類別されます（なお、管の本数や長さを増やすことで伝熱面積が増し、大容量化ができる特徴があります）。

(1)自然循環式水管ボイラーの構成と特徴

　水ドラムと蒸気ドラム（蒸気と水が分離され、上部から蒸気が取り出されます）を多数の小径管でつないだ構造で、ボイラー水は、加熱源に近い管では蒸気を含んだ飽和水として上昇、加熱源から遠く収熱が少ない位置の管では蒸気ドラムから飽和水が降下し、ボイラー水の自然循環が行われ「自然循環式」と呼ばれます。

　通常、この自然循環式では、燃焼による熱の吸収を効率化するため、水管を用いた冷却壁で火炉を構成し、この水管を蒸気ドラムと水ドラムに接続した二胴形式が多く用いられます。

(2)強制循環式水管ボイラーの構成と特徴

　高圧のボイラーになるに従い、蒸気は圧縮されて密度が大きくなり、ボイラー水との密度差が小さくなり、自然循環力が弱くなります。そのため、循環ポンプでボイラー水を循環させる強制循環式のボイラーが使用されます。強制循環式ボイラーでは、①循環ポンプで火炉下部の水管に水を送り、加熱により蒸気を含んだ飽和水が蒸気ドラムに送られ、蒸気と飽和水に分けられます（蒸気は水管群上部の過熱器に送られ過熱蒸気になります）。③一方、蒸気ドラムの飽和水は、ボイラー出口に設置されたエコノマイザで温められた水が加えられ、循環ポンプで火炉下部の水管群に送られ循環します。

　このように、飽和水が滞留することで生じる危険がなくなり、伝熱管の配置の自由度が増します。

(3)貫流式ボイラーの構成と特徴

　47項に示すシンプルな構成の小型低圧のボイラーから発電用の大型高圧のボイラーまでさまざまあります。

**要点BOX**

●水管ボイラーは三種類に大別できる
●自然循環式は水の自然な循環を利用する
●強制循環式はポンプで水を循環させる

## 水管ボイラー

（管内の水を効率良く加熱して水温または蒸気にする）

↓

管の本数や長さを変えることで、小容量から
大容量の広範囲に利用できる

↓

基本の自然循環式水管ボイラーは、火炉周辺の水管群では水が上昇し、燃焼ガス出口付近の水管群では水が下降して自然に循環

## 水管ボイラーでの水の流れ

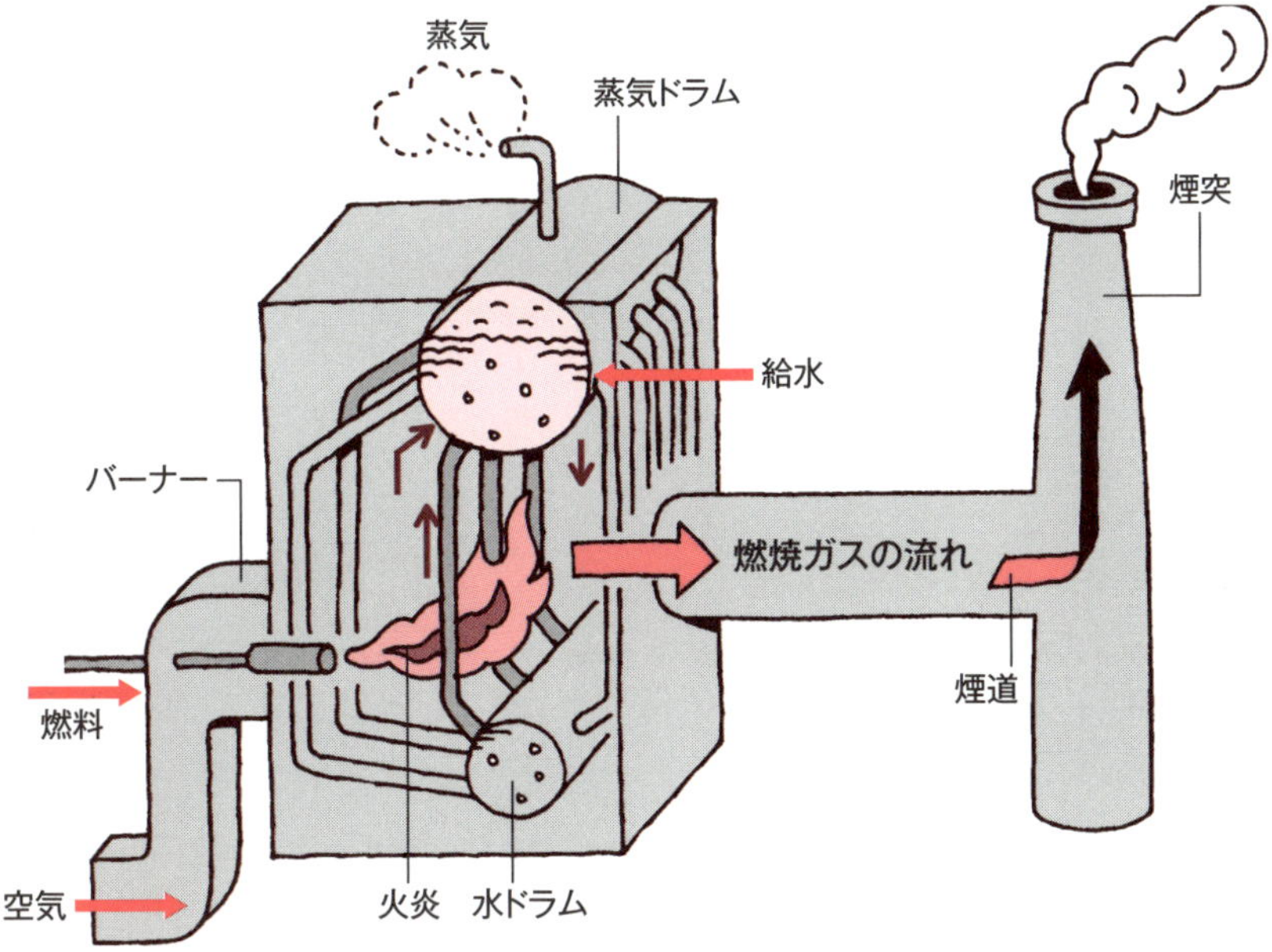

# 47 貫流ボイラーの構成と種類

貫流ボイラーと小型貫流ボイラー

水管ボイラーの中でも、近年、広く利用されているのが貫流ボイラーです。特に、製作や取扱いで規制の少ない小型貫流ボイラーの普及は目覚ましいものがあります。

(1)貫流ボイラーの構成

一般的な貫流ボイラーは、①給水ポンプからの水をエコノマイザーで温める、②蒸発器でボイラー水を蒸気に変える、③小型貫流ボイラーでは、発生した蒸気を気水分離器でボイラー水と分離し、蒸気を取り出す、④大型の貫流ボイラーでは、発生した蒸気を過熱器で加熱し、所定の温度の蒸気にして取り出す、といった構成で、給水から蒸気発生まで連続する管を貫通して流れることから貫流ボイラーと呼ばれます。

(2)貫流ボイラーの特徴

貫流ボイラーは、①大きな水ドラムや蒸気ドラムを必要としないため、高圧のボイラーに適します（特に、臨界圧力以上で使用するボイラーは、この貫流ボイラーとなります）、②大型の貫流ボイラーでは、取り込まれるボイラー水が水管内で蒸気に変わるため、使用するボイラー水は高度な処理が必要となりますす、③伝熱面積当たりの保有水の量を少なくできるため、蒸気発生までの必要時間が短い、などの特徴を持ちます。

一方、保有水の量が少ないことから、負荷の変動に対し圧力の変化が発生しやすく、これに迅速に対応できる給水や燃料供給の自動制御のシステムの構築が必要となります。

(3)小型貫流ボイラー

多数の管を上下の管寄せでつないだ形の小型のボイラー（小型貫流ボイラー）が広く利用されています。小型貫流ボイラーを単独、あるいは複数個連結して使用することで、幅広い目的に利用できるようになっています。

**要点BOX**

- ●小型貫流ボイラーが広く普及している
- ●高圧のボイラーに適しており、臨界圧力以上のボイラーは貫流ボイラー

## 貫流ボイラーの構成

### 単管式

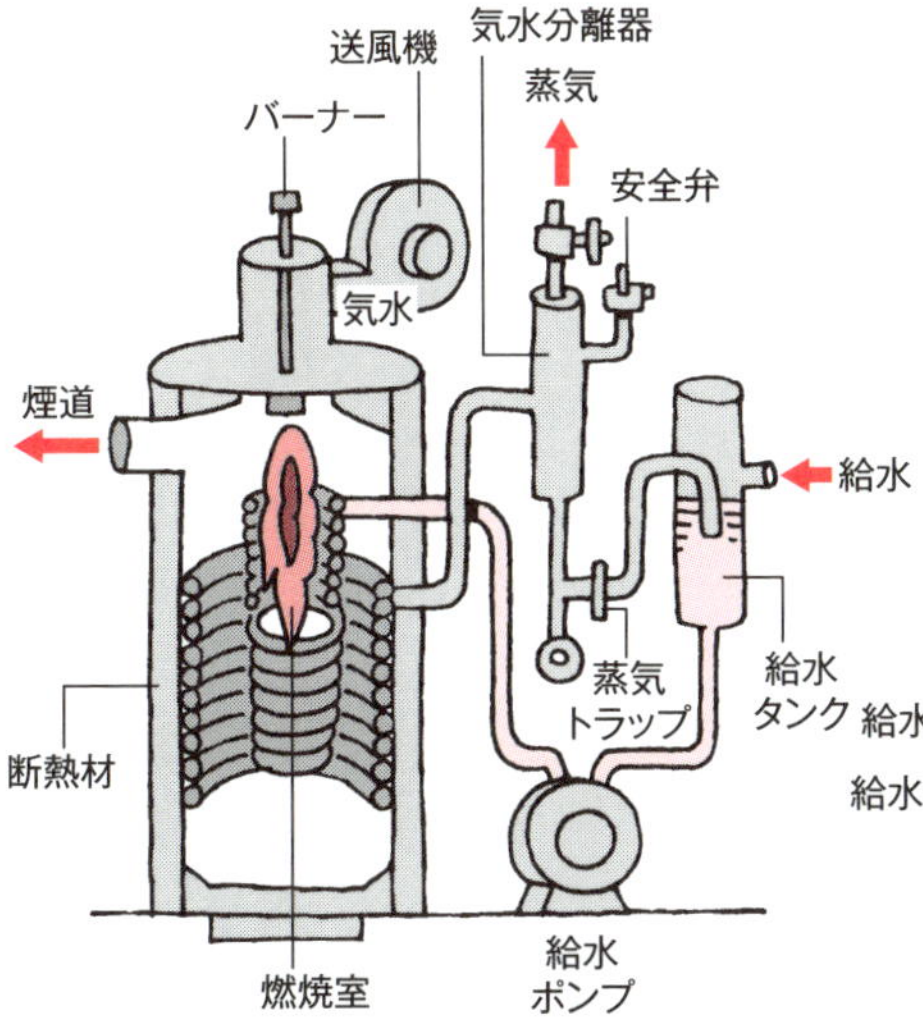


### 多管式

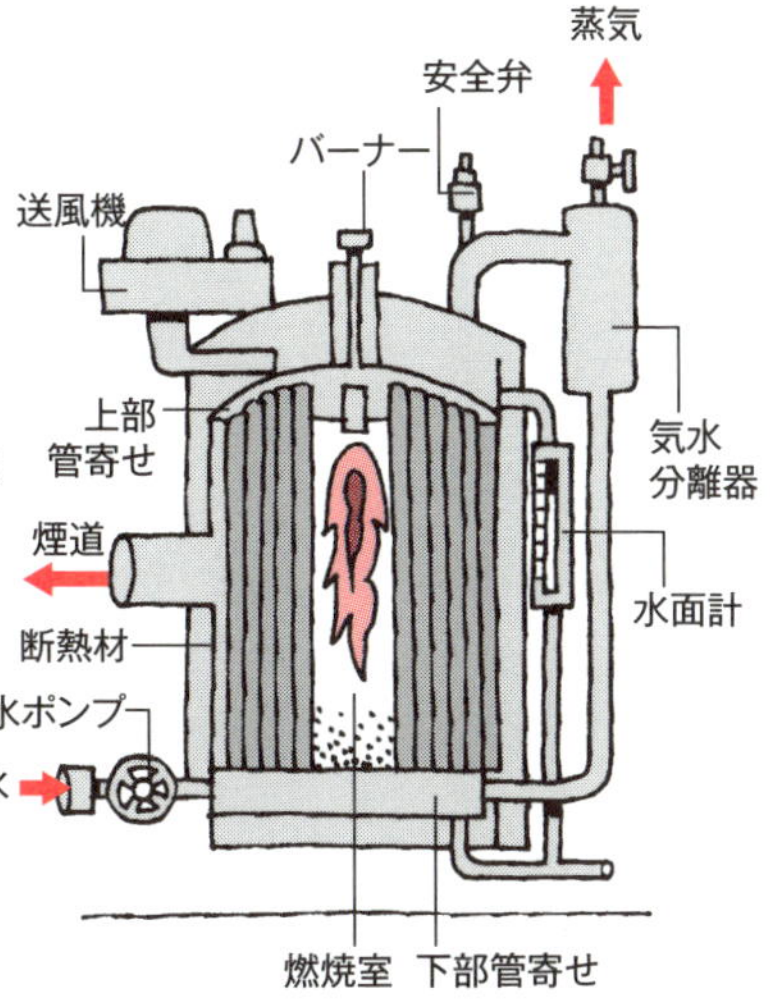


（出典：『トコトンやさしい蒸気の本』
（勝呂幸男著、日刊工業新聞社、2016年）をもとに作成）

1本の管をコイル状にして給水から蒸気発生まで連続する管を水が貫通して流れ、気水分離機で蒸気を取り出す仕組み

壁面に沿って垂直に配した管を、直結した下部の管寄せから上部の管寄せを通って、気水分離器で蒸気を取り出す仕組みで、小型ボイラーの多くはこの方式を利用

## 貫流ボイラーの特徴

① 大きな水ドラムや蒸気ドラムを必要としないため、高圧ボイラーに適する
② 伝熱面積当たりの保有水量が少なく、蒸気発生までの必要時間が短い
③ 迅速に対応できる給水や燃料供給の自動制御のシステム構築が必要

# 48 鋳鉄製ボイラーの構成と種類

## 鋳造で作られるボイラー

鋳鉄製ボイラーは、製品の製造技術が名称となっています。鋳造で製作されることによる特徴的な構造のボイラーとなっています。

(1)鋳鉄製ボイラーの構成

下部の燃焼室を構成する面での加熱と、上昇してきた燃焼ガスが通る煙道外面による加熱とで周囲の水を加熱して温水や蒸気を作ります。

(2)鋳鉄製ボイラーの特徴

ボイラーは、燃焼室底部に燃焼室、燃焼室の側面から上部にかけ加熱されるボイラー水が入る空間(蒸気ボイラーの場合はこの空間の一部に蒸気が蓄えられます)、ボイラー水を加熱する燃焼ガスが通る煙道が区分けされた一体の鋳物(セクション)で構成されます(鋳造によりこうした複雑な形状の製品が一体で容易に製作できます)。したがって、セクションの底部の水部連絡口、上部の蒸気(温水)部連絡口をニップルで接続し、複数個つなぐだけでボイラー能力を変えることができます。さらに、鋳鉄製品は腐食に強い特性があるため、耐食性の高い製品となります。なお、鋳鉄製ボイラーには、本体を耐火レンガ土台上に置く「ドライボトム形」と、ボイラー本体を据付け土台に置き、本体底部にもボイラー水を蓄え、燃焼室全体を伝熱面にして効率を高める「ウエットボトム形」の2方式がありますが、現在はウエットボトム形が主に使われています。

一方で鋳鉄製品であり、鋳鉄自体の強度が弱いため、蒸気ボイラーでは0・1MPa以下、温水ボイラーでは0・5MPa以下の使用に制限されます。また、鋳鉄は材料自体が脆く、しかも製品が複雑な形状をしていることから各部分の板厚が変わります。また、これにより発生する熱膨張の不均一による不同膨張が繰り返されることで、局部的な割れが発生しやすい、などの短所があります。

**要点BOX**

- 鋳造によるボイラーを鋳鉄製ボイラーと呼ぶ
- 鋳鉄製ボイラーは容易に能力を変えられる
- 圧力の制限があり、割れが発生しやすい

## 鋳鉄製ボイラーの全体構成

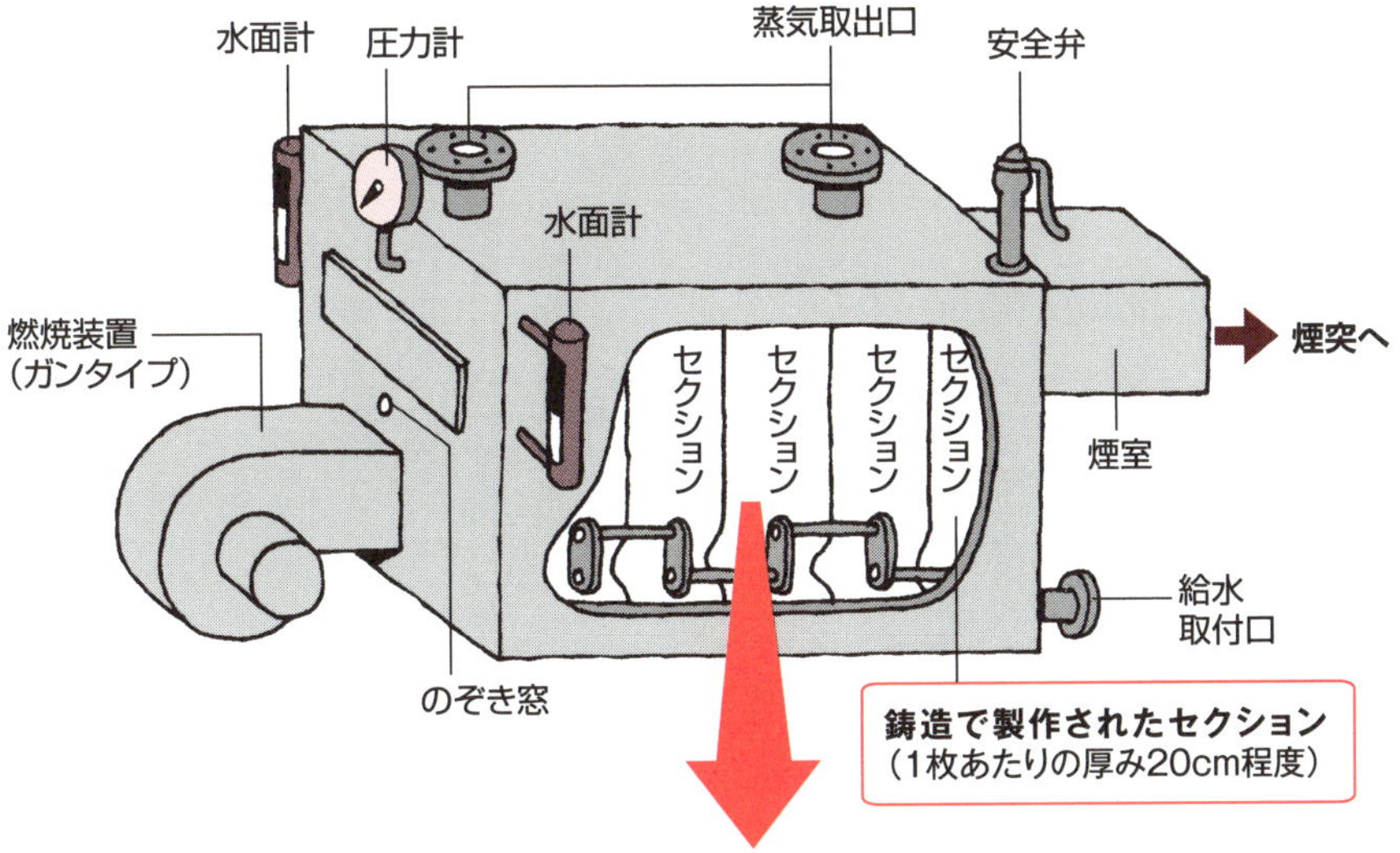


## 1セクションの構成状態

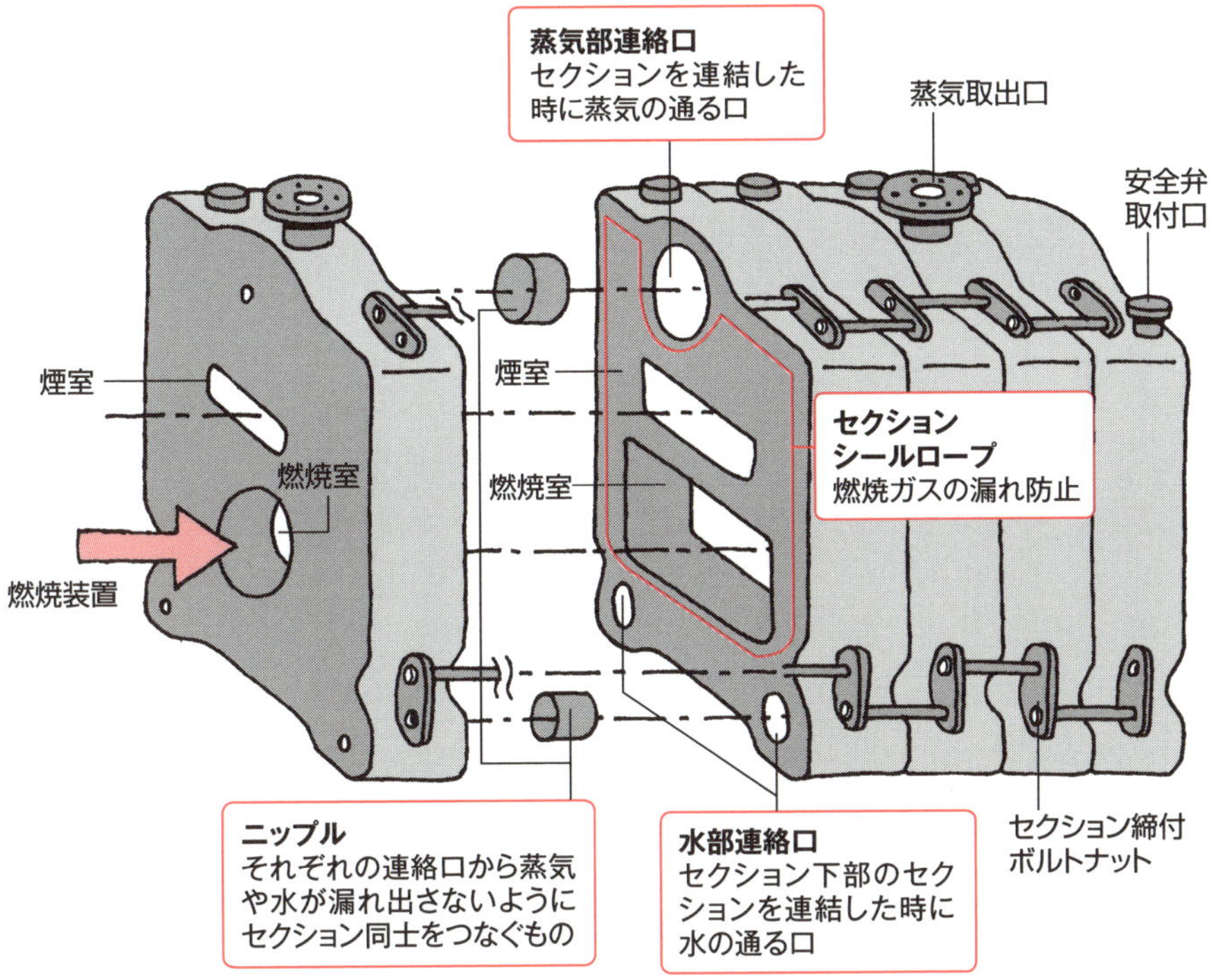

# 49 燃焼系装置の構成

## 液体燃料を使用する燃焼装置

ボイラー本体内部にある燃焼室で燃焼状態が維持されるのは、燃焼室に燃料と空気が連続的に送り込まれるからです。燃料には液体燃料、気体燃料と固体燃料があり、その種類の違いによって、構成される装置や機器も変わってきます。

まず、産業用ボイラーで多く使用されている液体燃料（灯油、A重油など）における燃焼系装置について説明します。受入れた液体燃料は、屋外に設置した貯蔵タンクなどで、ある程度の量（一般的には使用量の1週間分以上）を貯蔵します。貯蔵タンクから移送用のポンプでサービスタンク（各燃焼装置へ燃料を円滑に供給するための一時貯蔵場所で、各燃焼装置における最大燃焼量の2時間分程度の容量になっています）へと送られます。

サービスタンクからは、噴燃ポンプでバーナーに送られます。噴燃ポンプは、燃料油を昇圧してバーナーまで送り、噴霧させ、燃焼させるためのもので、ギアポンプなどが使用されています。燃料供給系統には、粘り気の強い重油の粘度を下げて噴霧状態の調整を行うオイルヒーター（油加熱器）や、油の流量を測定するための油流量計が設置されることがあります。そして、最終的に燃料はバーナーで燃焼されます。このほか、噴燃ポンプの入口にストレーナと呼ばれる機器が必ず取り付けられています。ストレーナは、燃料やタンク内、配管中などに入り込んでしまったゴミや異物などの固形物を除去するろ過装置の役割を持ち、日常の管理において点検を欠かすことができません。

気体燃料では、都市ガスなどが使用されますが、これは、都市ガスの配管から圧力を調整してボイラーに配管でつなぎます。重油のようなタンクや油加熱器は必要ありません。石炭のような固形燃料の場合は、七輪と同じように、鋼製の格子の上に石炭を置き、下から空気を送って燃焼させますが、石炭を細かく砕き、粉状（微粉炭）にして燃焼させる方式もあります。

**要点BOX**

- 燃料は燃焼設備ごとのタンクに送られる
- ポンプによって燃焼装置まで運ばれる
- 液体燃料と固形燃料では装置の構成が異なる

## 燃焼系装置の概要

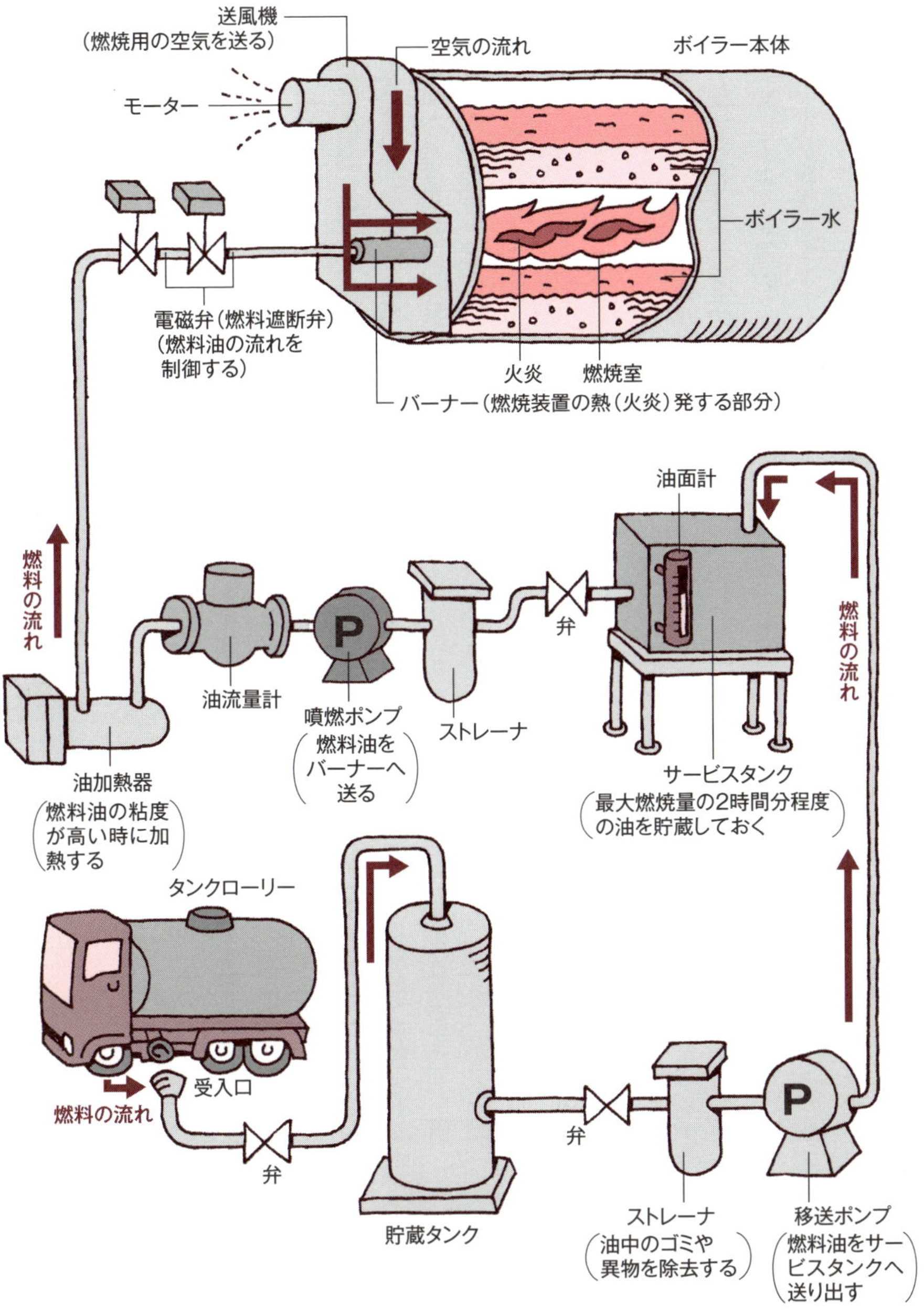

送風機
（燃焼用の空気を送る）
モーター
空気の流れ
ボイラー本体
ボイラー水
電磁弁（燃料遮断弁）
（燃料油の流れを
制御する）
火炎
燃焼室
バーナー（燃焼装置の熱（火炎）発する部分）
燃料の流れ
油面計
弁
P
油流量計
噴燃ポンプ
燃料油を
バーナーへ
送る
ストレーナ
油加熱器
燃料油の粘度
が高い時に加
熱する
サービスタンク
最大燃焼量の2時間分程度
の油を貯蔵しておく
燃料の流れ
タンクローリー
受入口
燃料の流れ
弁
貯蔵タンク
弁
ストレーナ
油中のゴミや
異物を除去する
P
移送ポンプ
燃料油をサー
ビスタンクへ
送り出す

# 50 給水系装置の構成

## 給水源からボイラー本体まで

ボイラー中の水は蒸気を発生することで減っていきます。そのため、水道などの給水源からボイラー本体につなぐ給水用配管には「給水系装置」と呼ばれる給水を行う装置や機器が設けられています。

この給水系装置について給水源側から順次見ていくと、まず、補給水処理装置（軟化装置）があります。これは、ボイラーへ送る水に必ず入っている、人の目で確認することのできないようなイオンレベルのCaやMgなどを取り除くための処理装置です。その先には、軟化装置で処理された水を一定量確保しておくための給水タンクが設置されています。

次に、給水タンクからボイラー本体へ水を送るための給水ポンプがあります（多くの場合、給水ポンプとボイラー本体の間に省エネを目的とした廃熱回収のためのエコノマイザーが設置されます）。この給水ポンプは、蒸気ボイラーの使用圧力により、①高圧ボイラーでは、高い圧力で送り出せるよう、回転する羽根車に回転しない案内用の羽根車を組み合わせたディフューザポンプが、②低圧ボイラーでは、回転する羽根車のみの渦巻きポンプが使用されます。また、ポンプからボイラー本体への配管（給水管）には、給水の送給と停止を行う元弁となる給水弁が設置されます。この給水弁には、玉形弁（水の入口と出口が一直線の弁）やアングル弁（水の入口と出口が直角になった弁）を用います。この給水弁の前には、ポンプへの水の逆流を防止するための逆止め弁が取り付けられ、最終的にはボイラー本体内部の給水内管へとつながっていきます。

なお、給水とは直接の関係はありませんが、ボイラーとポンプの間に、ボイラー水の性状を調整する薬品（清缶剤）をボイラー水に投入するための薬注装置や、ボイラー水に溜まった沈殿物や不純物をボイラーの外に排出するための吹出し装置がボイラー本体下部に設置されています。

要点BOX

- 補給水処理装置では不純物を取り除く
- 給水ポンプは高圧と低圧によって異なる
- 水の性状調整のための装置も設置されている

## 送水系装置および吹出し用装置

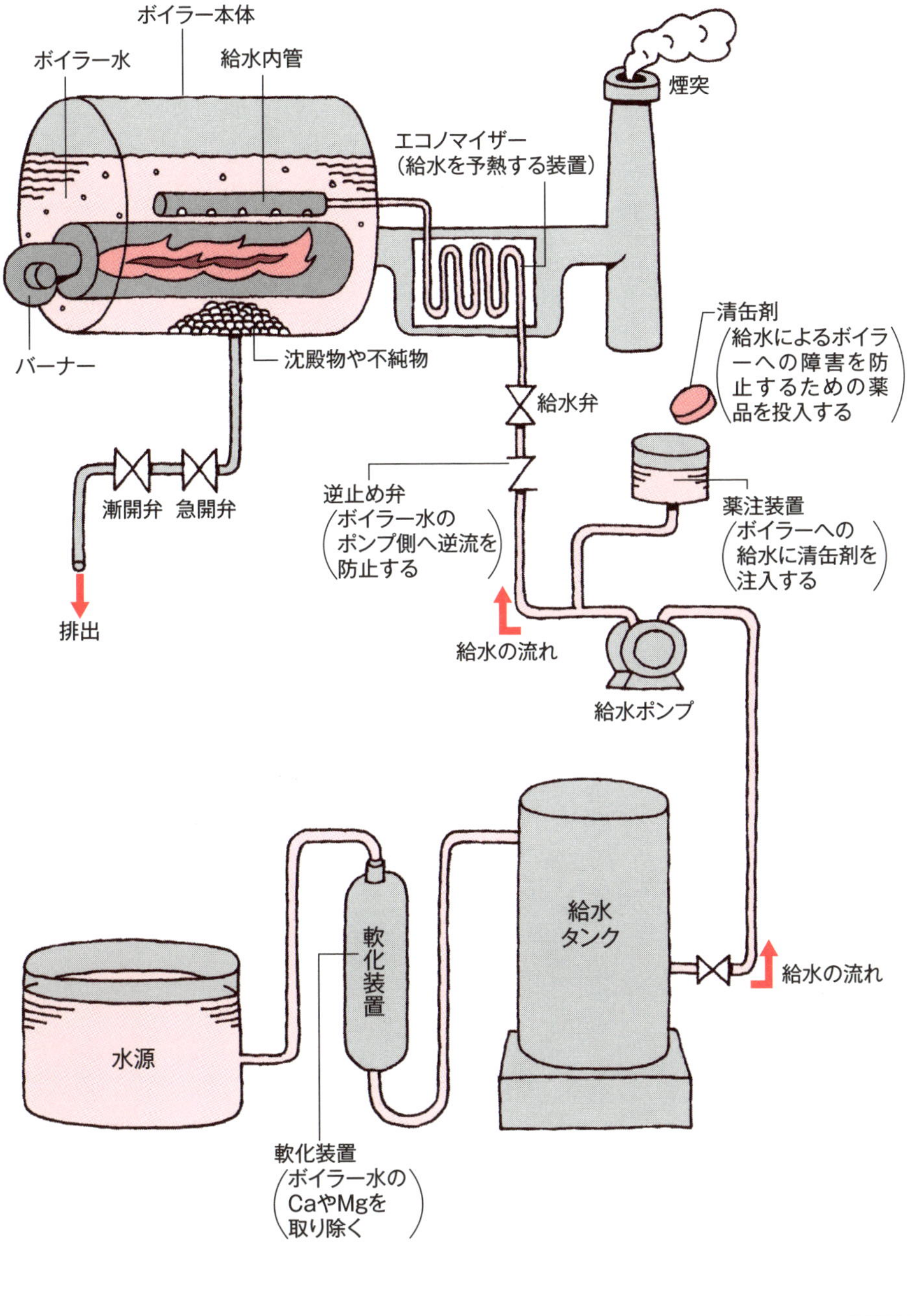

# 51 送気系装置の構成

## ボイラー本体から蒸気使用設備まで

ボイラーには、作り出した蒸気を蒸気使用設備まで送るための配管（蒸気管）が接続されています。このボイラーと蒸気使用設備をつなぐ配管の途中には、いろいろな役割を持った機器が取り付けられています。これら一連の装置や機器を送気系装置と言います。ここでは、一般的な送気系装置とそれらの役割について、小型貫流ボイラーを例にとって解説します。

まず、ボイラー本体から蒸気が出てくる部分に着目すると、ボイラー本体に気水分離器が取り付けられています。気水分離器はなるべく水分を含まない良質の蒸気をボイラーから取り出すための設備です。蒸気中の水分が多いと、蒸気を使用する設備が所定の性能を出せないなどの不具合が発生することがあるためです。この気水分離器を出た蒸気は、蒸気の送給と停止を行う元弁である主蒸気弁を通って流れていきます。主蒸気弁は、蒸気の急激な流れが起こらないよう、給水弁と同様の玉形弁やアングル弁を用い、ボイラー本体から近い位置に設置されます。

また、複数のボイラーが接続されている場合は、ボイラー本体の圧力よりも蒸気管の先の方の圧力が高くなった時にボイラー本体へ蒸気の逆流が生じるため、主蒸気弁の後ろにはこれを防止する逆止め弁が設置されます。さらに、ボイラーから運ばれてくる蒸気の配管を一箇所に集合させ、各種の蒸気使用設備へ再分配するために用いられる蒸気ヘッダー（蒸気だめ）があります。蒸気ヘッダーには多くの配管が接続され、それぞれの配管の流れを制御するための弁が取り付けられています。

なお、送気系の配管では、蒸気が流れることにより高温となり、金属の配管自体に膨張が発生します。これは、長い配管においてはさまざまな問題につながります。そのため送気系の配管には、この膨張を吸収するクッションのような働きをする伸縮継手が使用されます。

**要点BOX**

- 気水分離器で水分の少ない蒸気を取り出す
- 複数のボイラーがある時は逆止め弁を設置する
- 配管には伸縮継手が使用される

## 送気系装置の概要

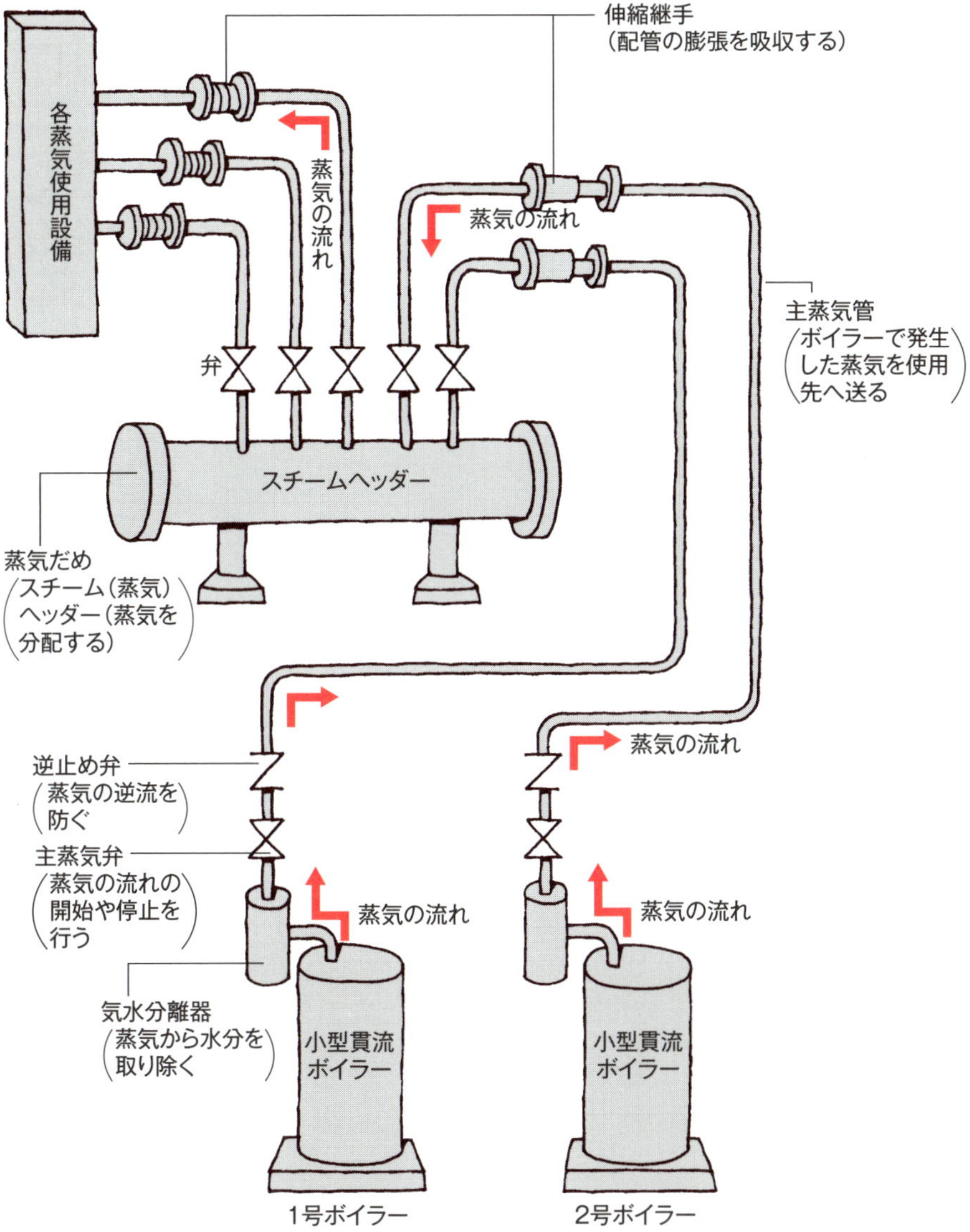
伸縮継手
（配管の膨張を吸収する）
各蒸気使用設備
蒸気の流れ
蒸気の流れ
弁
主蒸気管
（ボイラーで発生した蒸気を使用先へ送る）
スチームヘッダー
蒸気だめ
（スチーム（蒸気）ヘッダー（蒸気を分配する））
逆止め弁
（蒸気の逆流を防ぐ）
蒸気の流れ
主蒸気弁
（蒸気の流れの開始や停止を行う）
蒸気の流れ
蒸気の流れ
気水分離器
（蒸気から水分を取り除く）
小型貫流ボイラー
小型貫流ボイラー
1号ボイラー
2号ボイラー

# 52 回転数制御で省エネを実現

## 各種モーターのインバータ化

蒸気を発生させるボイラーでは、安定した蒸発量を確保するための給水ポンプや安定した燃焼を確保するために空気を送給する送気ファン（送風機）など、回転する機器が数多く利用されています。これらの機器を回転させるため、モーター（電動機）が使用されています。そこで動力用機器であるモーター（電動機）に着目して、省エネを考えてみることにしましょう。

例えば、燃焼系装置の場合、燃焼用の空気の通り道にはファンから送られてきた空気が流れており、空気の量を燃焼状態に合わせて増減しています。この空気量の調整は、従来、ダンパ（空気の通り道を開閉する扉のような構造）を使用することで行ってきました。しかし、このような空気量の調整法では、ファンを回転させるためのモーターの運転はオンかオフしかありません。言い換えれば、100％の出力でモーターを回転させておいて、ダンパでブレーキをかけるようにして空気量を調整しているのです。これでは、少ない空気量で燃焼させている時もモーターは必要以上の運転を行っていることとなり、ロスが生じています。そこで燃焼に必要な空気量の調整をダンパで行うのではなく、モーター自体の回転数を変化させる方法が利用されています。この方法を回転数制御といい、モーターにインバータ（トランジスターの利用により電流のオン・オフ動作を細かく制御します）を取りつけることで、モーターの回転数を任意に制御できます。必要な空気量に応じたファンの回転数となるようモーター回転数を適正に制御すれば、消費電力を必要最小限に減らすことができ、省エネを実現することができます。これはインバータ技術の発達により実用化されました。

このようなモーターの回転数制御によるメリットは、さまざまな部分で使用されるモーターにインバータを用いることで得られ、装置全体の電力消費を抑える省エネ化につながっているのです。

**要点BOX**

- 従来はダンパによって空気量を調整していた
- インバータを使い、モーターの回転数を調整可能
- インバータの利用が省電力につながる

## ボイラーの送気ファンに利用されるモーター

**従来の交流モーター**

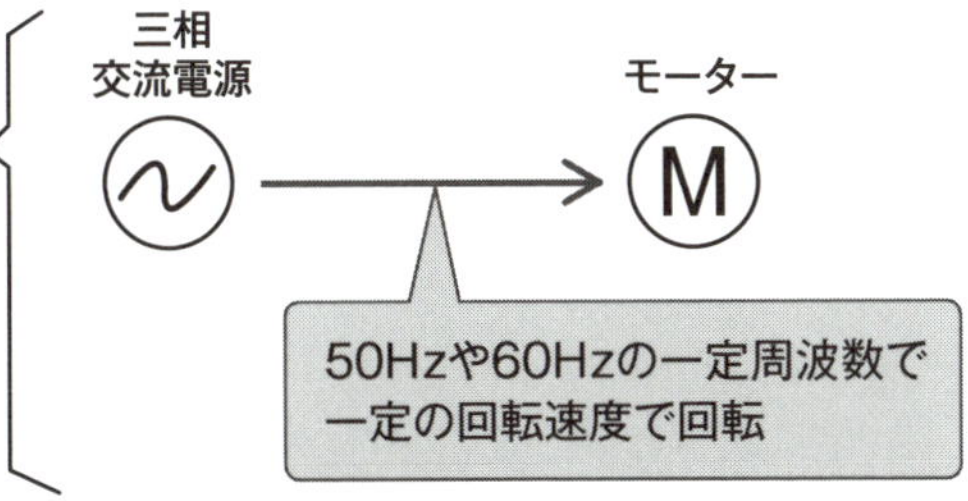


モーターは100%出力の一定回転速度で回転しているが、燃焼用空気量の制御は、空気の通り道をダンパの開閉で調整（モーターは常に100%出力で回転し、エネルギーを無駄に使用）

**インバータ制御に変更**

**インバータ制御**

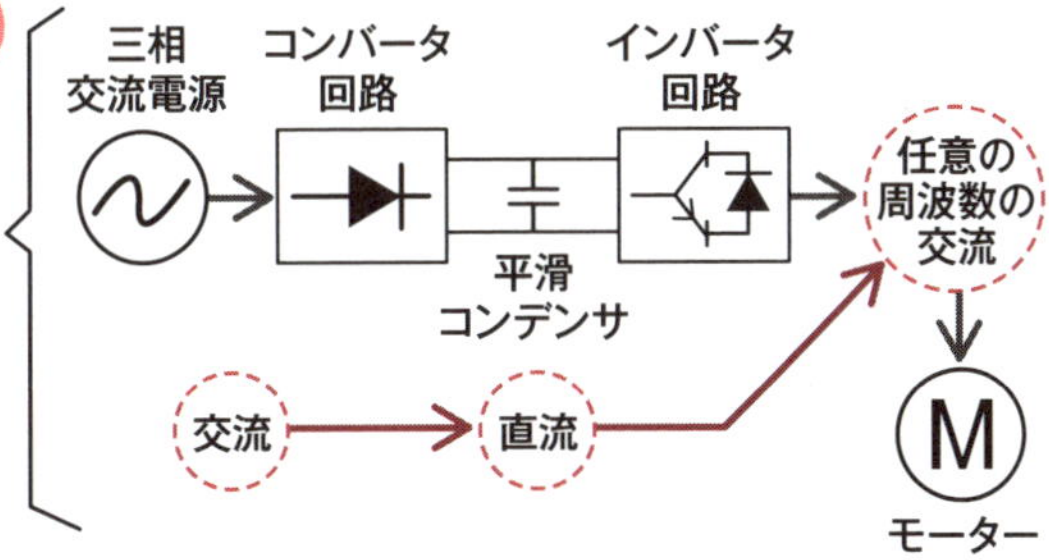


必要最小限の回転数となる周波数に制御（設定）可能

$$N = \frac{120 \times f}{p}$$

（$N$：モーター回転数　$f$：周波数　$p$：モーターコイルの極数）

回転数は周波数に比例して増加

回転数を減らすことで、モーター軸動力が減らせる

$$P \propto N^3$$

（$P$：モーターの軸動力　$N$：モーターの回転数）

モーターの軸動力は回転数の3乗に比例して増加

軸動力（∝消費電力）を減らすことで消費電力を削減
（インバータ制御にすることで、最小限の軸動力に制御でき省エネが可能）

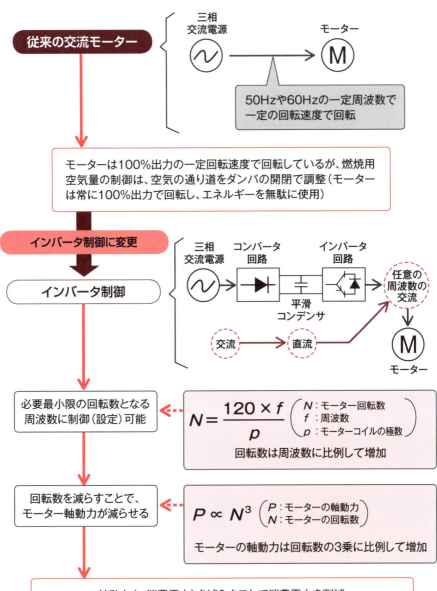

# 53 安全弁でボイラーの事故を防ぐ

## 安全弁と逃がし弁

ボイラーの破裂や事故の防止のため、安全装置としてボイラー本体や過熱器には安全弁が、温水ボイラーの場合は逃がし弁や逃がし管が設置されます。

(1)圧力の設定

安全弁は、運転中の蒸気圧力が、設定しておいた吹出し圧力に達すると弁が開いて蒸気を外部に放出し、ボイラーの圧力が下がり、吹止まり圧力に戻ると弁を閉じ、蒸気の放出を止める構造のものです。温水ボイラーの逃がし弁も、温度の上昇による温水の膨張で圧力が高まり、設定した圧力を超えると弁を開いて温水を放出するというものです。また、温水ボイラーの逃がし管は、圧力が高まった時、ボイラー本体に鉛直に取り付けた管を通って温水が外部に放出されるようになっています。これは、管の高さ分の水圧以上の圧力が内部にかからないようにするためのものです。なお、エコノマイザの安全弁(逃がし弁)は、給水が先に放出されないように本体安全弁の吹出し圧力より高く設定し、逆に、蒸気を加熱する過熱器では、先に蒸気を放出させるように本体安全弁の吹出し圧力より低く設定します。

(2)不具合の修正

安全弁の不具合には、蒸気漏れや動作不良があります。蒸気漏れの原因は、①弁本体や弁座に傷が発生している場合、②両者の間にゴミが付着している場合、③弁本体と弁座の中心がズレている場合、などが考えられます。こうした場合は、まず、試験用レバーで安全弁を動作させてみます(これで、ゴミの除去やズレの微調整が行われます)。それでも蒸気漏れがおさまらない場合は、一旦ボイラーを停止させ、分解整備が必要です。また、動作不良は、①調整ボルトの締付け力の過大、②弁の上下動を妨げる弁棒の曲り、などが原因です。締付け力の過大は、調整ボルトを緩めることで調整します。また、②の場合はボイラーを停止させ、分解整備が必要です。

**要点BOX**

●一定圧力を超えると弁が開き、下回ると閉じる
●安全弁によってボイラーの事故を防いでいる
●不具合は調整するか、分解整備が必要

## 安全弁の設置と構成

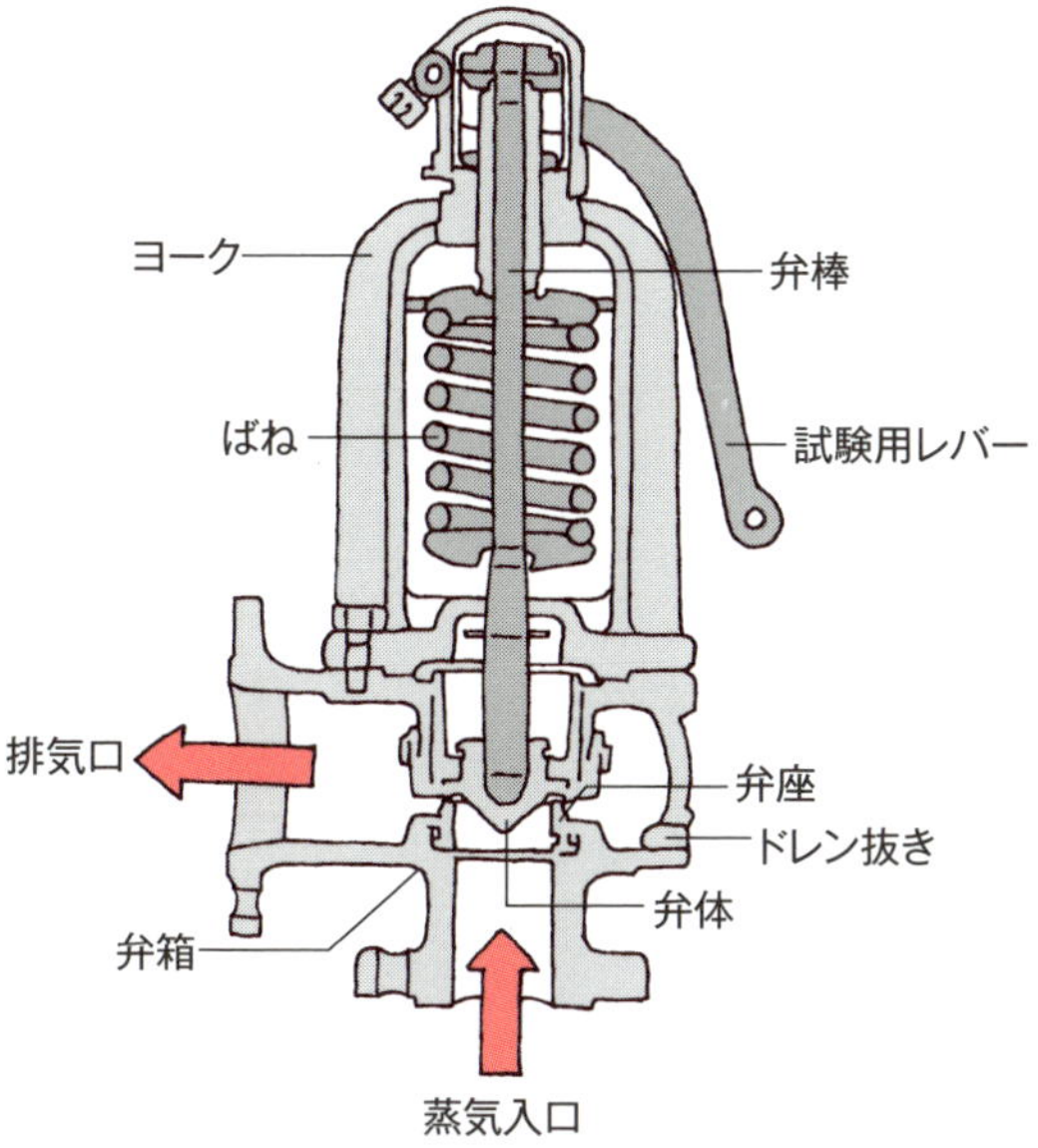
ヨーク
弁棒
ばね
試験用レバー
排気口
弁座
ドレン抜き
弁体
弁箱
蒸気入口

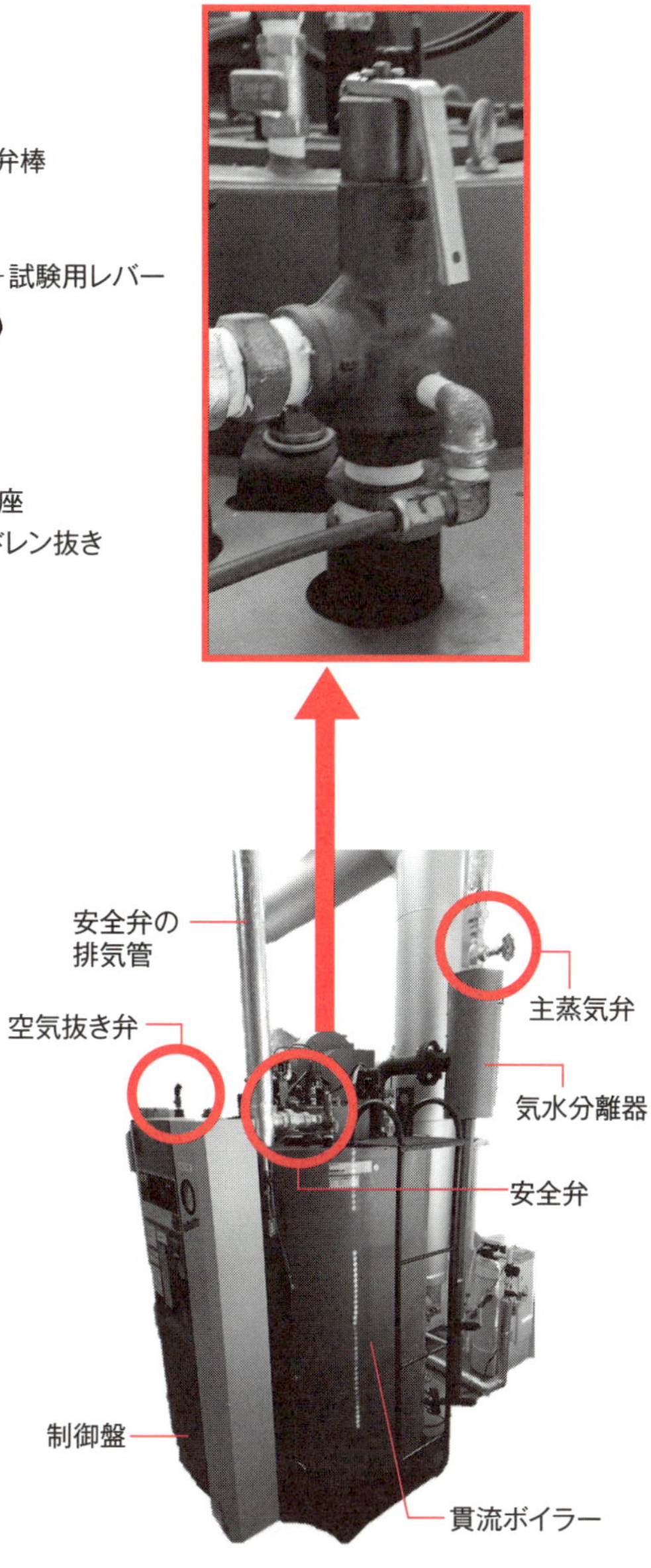
安全弁の
排気管
主蒸気弁
空気抜き弁
気水分離器
安全弁
制御盤
貫流ボイラー

ボイラーシステムにおいては、安全弁が付いているから「安全」ではなく、安全弁が確実に動作するよう点検しておく事が重要です。

# 54 保温管理で省エネを実現

## 配管から熱を逃がさない

ボイラーの周りには、ボイラー本体と蒸気を使用する設備の間に、高温蒸気や温水の通り路となる配管設備が配置されています。中でも高温の蒸気を輸送する配管（蒸気管）の設置や管理に工夫を加えることで、省エネが実現できます。ここでは、蒸気管設置での省エネについて、管の保温に着目して見ていきましょう。

蒸気管の中を蒸気が流れている時、蒸気管の表面温度は、内部を流れる蒸気の温度に近い温度に達しています（このことは、燃料を燃焼させて作り出した蒸気が、多くの熱エネルギーを持っていることからもわかります）。しかし、蒸気管の表面温度が高いということは、蒸気を輸送している途中で蒸気管から大気中へ熱が放出されている（逃げている）ということです。例えるならば、小さな穴の開いたバケツに水を汲んで運んでいるような状態になります。そこで、放散熱による熱損失をできる限り小さくするため、配管（蒸気管）をグラスウールやロックウールなどの保温材で保温施工することが行われています。

こうした保温材を活用した配管（蒸気管）は、保温を行っていない配管に比べて熱損失を10％程度まで低減できることが知られています。熱損失を0にすることはできませんが、保温材の活用により、燃料から得た熱エネルギーを無駄なく輸送できる（大きな省エネにつながる）ことが、この違いからもよくわかります。

さらに、蒸気管の途中には多くの弁（バルブ）や配管継手（フランジ部）が取り付けられています。これらの継手や弁には、修理や漏れ発見の理由から、保温施工されていないことが多くあります。これらも金属表面からの放散熱量を考えると配管同様、露出部分を最小限にすることが大切です。

保温ジャケットなどの製品名で販売されている、脱着可能で簡便なカバー類を活用して保温する方法も有効です。

**要点BOX**

- ●配管設備から熱が失われる
- ●保温材の利用で熱損失は10％に減少
- ●継手や弁に保温対策を施すのがよい

## 裸の蒸気管の保温

蒸気管に保温材を
巻きつけると

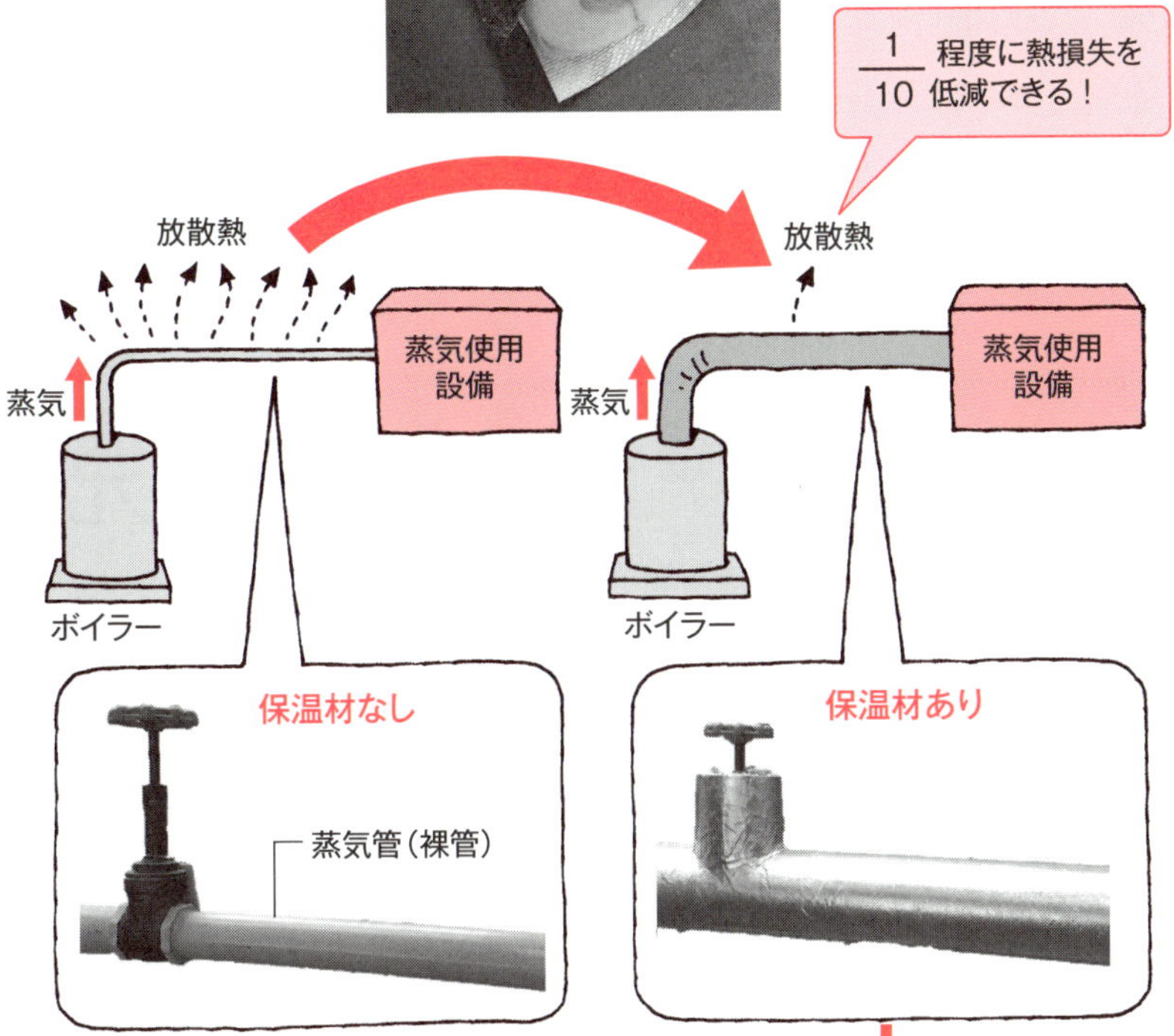

保温カバーの場合

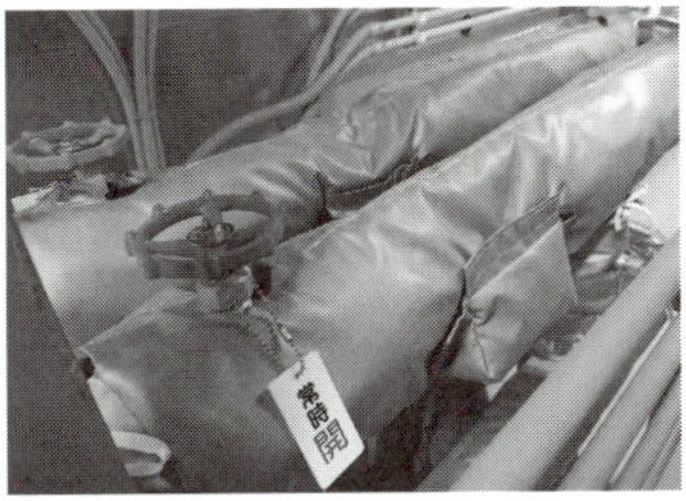

# 55 熱回収で省エネを実現

## エコノマイザの設置



日頃、利用している自動車では、多くの熱エネルギーが車の走行に使われるのではなく、エンジンから送り出されマフラーを通って排気ガスとして大気へ放出されています（これが大気の温暖化に寄与することになります）。ボイラーにおいても、燃焼室から煙道や煙突を通って排気ガスの熱は大気へ放出されます（この大気中へ放出される熱のエネルギー損失がボイラーの中で最も大きいと言われています）。

「熱回収」と呼ばれる考え方がありますが、本来は排気ガスとして失われてしまう熱エネルギーを完全にゼロにすることはできなくても、少しでも別の仕事に使用させるというものです。これにより、大気中へ放出する排気ガスの熱量も小さくできます。

実際には熱の回収を目的として、煙道などに熱交換器に相当するさまざまな設備を設置して排ガス温度を下げ（排気ガス熱量を減らし）、その後煙突を通って大気中に放出します。この熱交換器の代表例が、これまでにも出てきた「エコノマイザ」と呼ばれる附属装置です。

エコノマイザは、ボイラーへの給水用の水を排気ガスの熱を利用してあらかじめ温めておく装置です（設置場所は煙道となります）。エコノマイザを使用した場合は、使用しない場合に比べ排気ガスの温度が下がり、その分だけ燃料の消費量を減らすことができます（例えば、１８０℃の排気ガスを１６０℃まで下げれば、およそ１％程度の燃料の削減が可能だといわれています）。

こうしたことから、エコノマイザは、節炭器とも呼ばれるのです（昔は石炭を燃料とするボイラーがほとんどだったため、石炭を節約する機器という意味で節炭器と呼ばれました）。なお、同様の目的で、排ガスの熱を利用して燃焼用空気を予熱し、省エネができる空気予熱器などもあります。

**要点BOX**

- ●排気ガスの熱を利用し水を予熱する
- ●エコノマイザが熱回収の代表的装置
- ●排気ガス熱量の減少で省エネにつながる

## ボイラーでの熱回収の概要

ボイラー排気ガスの放出
(ボイラーのエネルギー損失の中で最大)

↓

排気ガス熱の利用
(排ガス温度を低下させて省エネの効果

↓

煙道などに熱交換器(エコノマイザや空気予熱器)を設置

↓

## ボイラーにおける熱回収の事例

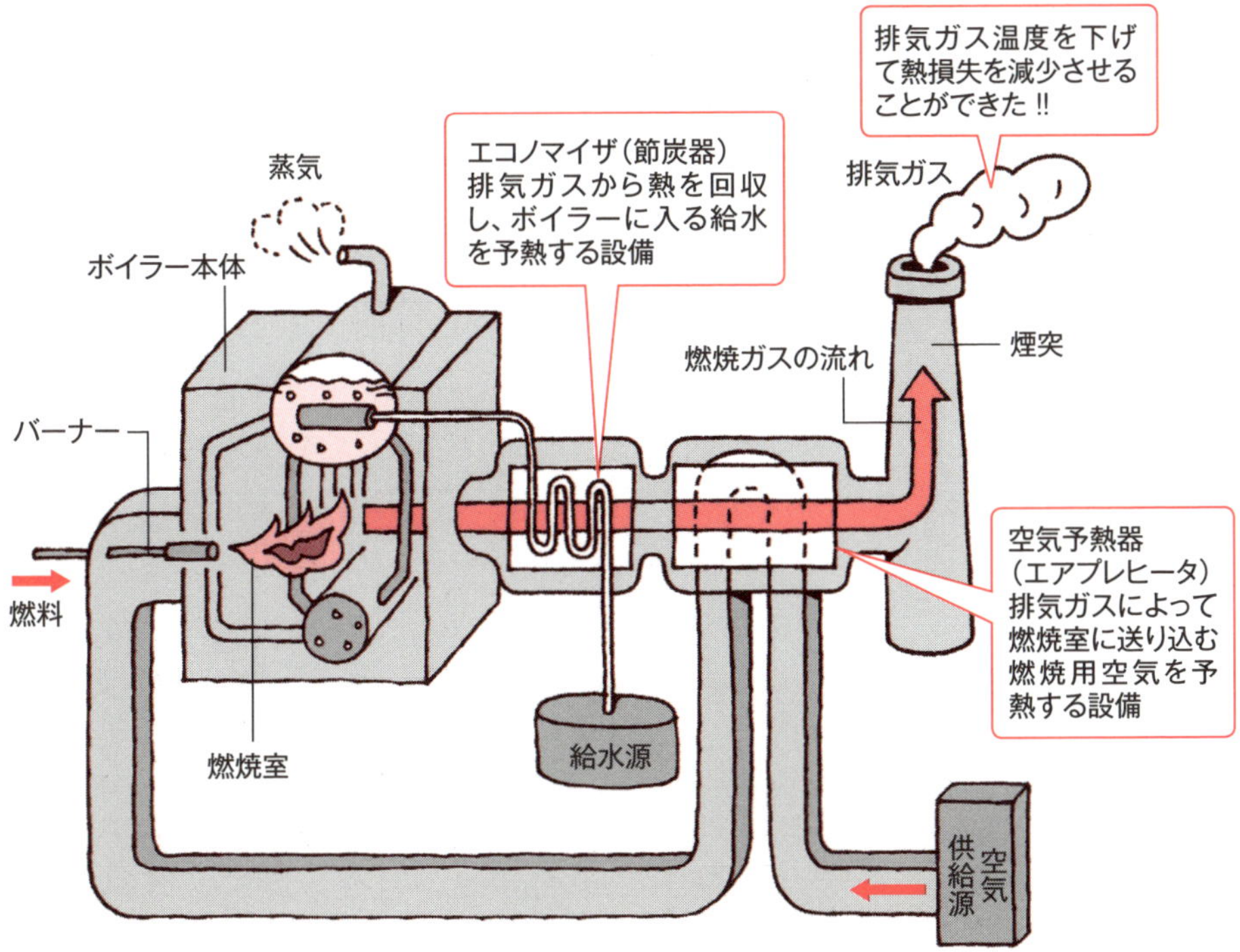

Column

# 新技術の開発と環境対策

　ボイラーの運転で使用される燃料は、現在も石油や天然ガス、石炭などの化石燃料が中心です。これらの化石燃料は、燃焼すると温室効果ガスとなる二酸化炭素を発生し地球温暖化による環境悪化をもたらします。加えて、化石燃料に含まれる硫黄や窒素が燃焼による酸化反応でSOxと呼ばれる硫黄酸化物やNOxと呼ばれる窒素酸化物に変化し大気汚染や酸性雨の原因となります。こうした化石燃料を燃焼させることで発生する環境への悪影響を抑える対策の確立は、地球全体の急務となっています。

　そこで、ボイラーでも、石炭を燃料とする場合の環境対策では、まず脱硫装置や集塵機などを設備に付加し環境悪化物質を除去しています。さらに、石炭を微粉炭にし、建築廃材や間伐材で作る木質チップや汚泥紛などのバイオ燃料と混ぜて燃焼させて二酸化炭素の発生を低減する方法、石炭ガス化複合発電技術といった新技術で発電効率を高め、結果として二酸化炭素の発生量を低減できる方法など、新しい技術の開発で環境対策へ寄与しようとする試みも行われています。

　一方、石油を燃料とする場合の環境対策としては、使用量などを考慮し、硫黄分や窒素化合物の多い重油からこれらの含有の少ない重油に切り替え、排出ガス中の大気汚染物質を少なくする努力が行われています。ただ、質の良い原油は高価であるため、品質の悪い重油を予熱して粘度を下げたり、重油を霧状にして噴き出し微粒子化するなどの方法で燃焼効率を高めるとともに脱硫装置などを設置し環境対策に努めています。

　さらに、①石炭や石油に比べ$CO_2$排出量が少なく燃料中の硫黄分や窒素分がほとんど無いLNGなどの燃焼ガスを利用する、②廃棄されるはずの都市ごみや廃タイヤを燃料として使用する（廃棄物を減らすことによる環境負荷の軽減）、③再生可能エネルギーと呼ばれるバイオマス燃料を使用する、などの方法によって環境対策へ寄与しようとする努力が進められています。

化石燃料を燃焼させることで発生する環境への悪影響を抑える対策の確立は、地球全体の急務となっています。

第8章

# ボイラーの取扱いと管理

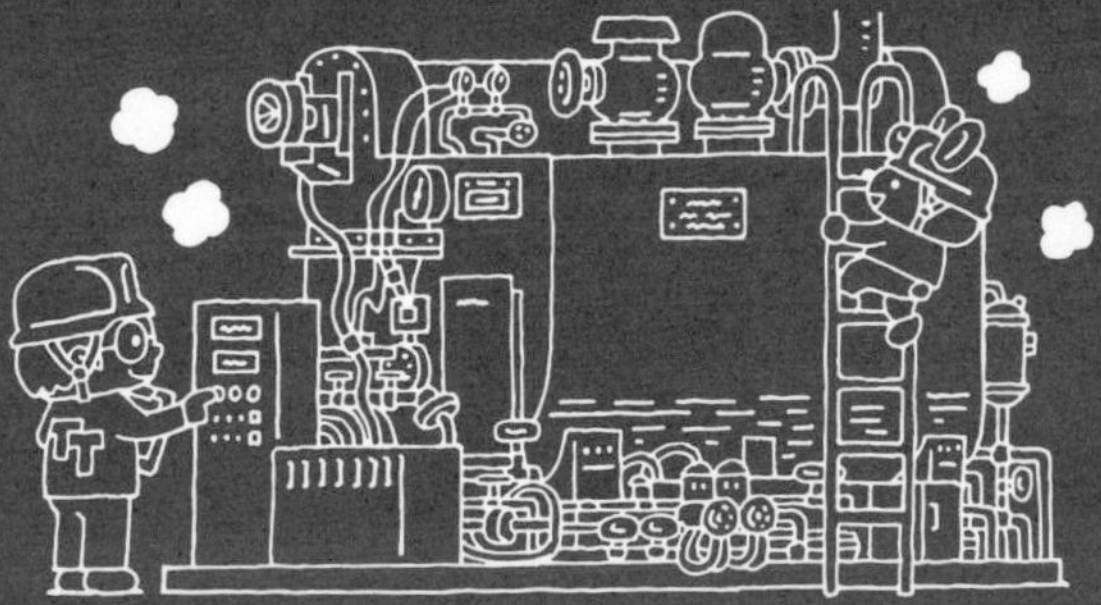

# 56 空気比の管理で省エネを実現

## 理論空気量と実際空気量の比が重要

燃焼に関するキーワードに「空気比」という言葉があります。空気比とは、理論空気量（燃焼に必要とされる最少の空気量）に対する実際空気量（燃焼室に実際に送り込まれる空気量）の比のことです。この値は、「燃焼がどのような状態で行われているのか」と深く関係しており、適正な空気比で運転することは省エネにもつながります。

まず、燃料が完全に燃えきる完全燃焼について考えてみましょう。

完全燃焼時に必要な空気量は、少なくとも理論空気量と等しくなることが必要です。しかし、実際の燃焼においては、理論空気量で燃料を全て燃焼させることは難しく、一部の燃料が不完全燃焼になってしまいます。したがって、通常は理論空気量より少しだけ過剰な空気量を燃焼室内に送り込むようにします。つまり、空気比は、1より少し大きい値にする必要があるのです

ただ、この場合も、空気量を多くすると燃焼状態としては完全燃焼に近づくものの、燃焼に関わらない空気量が増え、結果的に燃焼後の排気ガス量が増えてしまいます。

この結果、煙突から温度の高い排気ガスが大気中により多く放出され、余分な熱損失が発生してしまうのです。

一方、空気比を1よりも小さい値にした場合、その燃焼は不完全燃焼となり、ススや未燃ガスの発生が生じてしまいます。これらのことから、空気比の値に詳細な検討を加えることなく、ただ単純に適正空気比よりも大きい状態で運転すると、完全燃焼状態とはなるものの実際空気量が増え、燃焼後の排気ガス量が増えてしまいます。

以上のように、過剰空気を最小限とした適正な空気比の設定による運転は、燃焼管理の重要なポイントとなるのです。

**要点BOX**

- ●理論空気量と実際空気量の比を空気比と呼ぶ
- ●空気比は1を少し超える値がベスト
- ●空気比は多くても少なくても効率が落ちる

## 適性空気化の設定

ボイラーの適正運転

燃料の完全燃焼

完全燃焼に必要な理論的空気（酸素）量と実際に使用する空気量の比（空気比）は理論的には「1」

$$\text{空気比（m）} = \frac{\text{実際空気量（}m^3\text{）}}{\text{理論空気量（}m^3\text{）}}$$

実際空気量が少ない（m<1）

不完全燃焼によるススや未燃ガスの発生

実際空気量が多い（m>1）

完全燃焼するが、排ガス量が多くなる

空気比「1」の状態で完全燃焼はむずかしい

実際に送給する空気量：空気比を「1」より少しだけ大きく設定

# 57 間欠運転は運転効率を低下させる

## 間欠運転を減らし効率アップ

これまで述べてきたようにボイラーは、蒸気を発生させ、設備に蒸気を供給する装置です。すなわち、ボイラーは蒸気使用設備の負荷に合わせ、必要な量の蒸気を確実に送らなければなりません。

稼働状態にある蒸気使用設備の実際の負荷は、ほとんどの稼働時間において、ボイラーの能力の半分程度で推移しています。しかも、その負荷は一定ではなく、時間とともに変動しているという状況がよく見受けられます。

一方で、ボイラーを常にその能力の１００％の稼働にしていたのでは、余剰の蒸気を捨てる必要が生じ、効率の大きな低下につながってしまいます。

小型のボイラーでは、オン・オフ制御のものがありますが、このようなボイラーにおいては、需要に応じた蒸気量とするために、燃焼がオンの状態とオフの状態を繰り返す間欠運転で使用すればよいことになります。

しかし、オフ状態、すなわち消火時にも自然通風による熱損失は発生してしまいます。

このことは、燃焼によって得た熱を無駄に大気中に捨てていることになり、効率の低下を避けることができません。

したがって、オン・オフ制御のボイラーの運転管理では、間欠運転の必要をできるだけ少なくするよう、日頃の蒸気の使用量や使用状況をよく調べ、連続運転できる条件とすることが求められます。このことは、自動車の定速度運転状態での燃費向上という身近な例でも理解できるように、ボイラーの省エネ運転の基本となります。

中・大型のボイラーでは、オン・オフ制御ではなく、必要とされる蒸気量、蒸気圧力などに応じて、比例動作に微分動作、積分動作を組み合わせて最適な運転となるように制御を行っています。

**要点BOX**

- ●間欠運転は点火・消火の繰返しのこと
- ●消火時にボイラーから拡散される熱が無駄になる
- ●間欠運転を減らすことで省エネになる

## 間欠運転による省エネ化

ボイラーは、蒸気使用設備の負荷に合わせ必要な蒸気を送る装置

↓

必要な蒸気量は時間とともに変動し、
最大負荷の半分程度で推移

↓

ボイラーでは、ほぼ100%の稼働状況で、余剰の蒸気を捨てている

↓

**省エネが必要**

小型ボイラーでは、オン･オフ制御による間欠運転で需要に応じた蒸気量で燃焼

↓

**オン・オフ式圧力調整器の例**

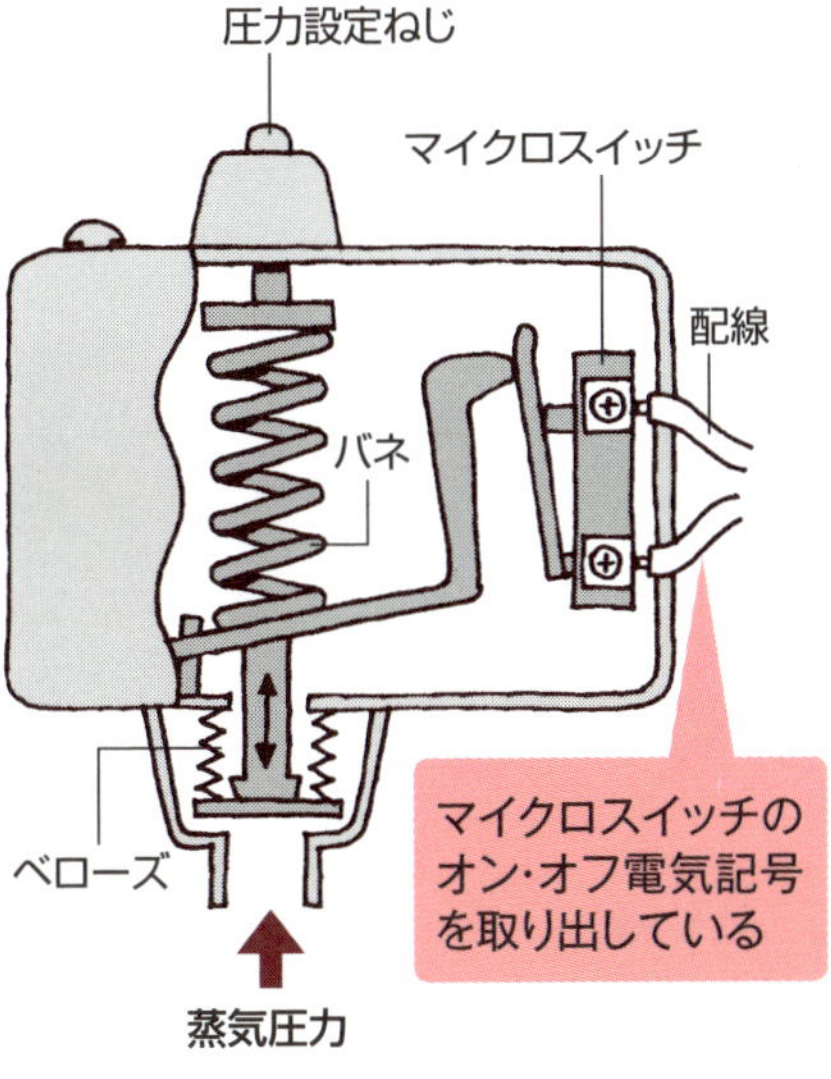


中・大型ボイラーでは、オン･オフ制御に比例動作や積分動作を組み合わせ最適な燃焼状態に制御

↓

**比例式圧力調整器の例**

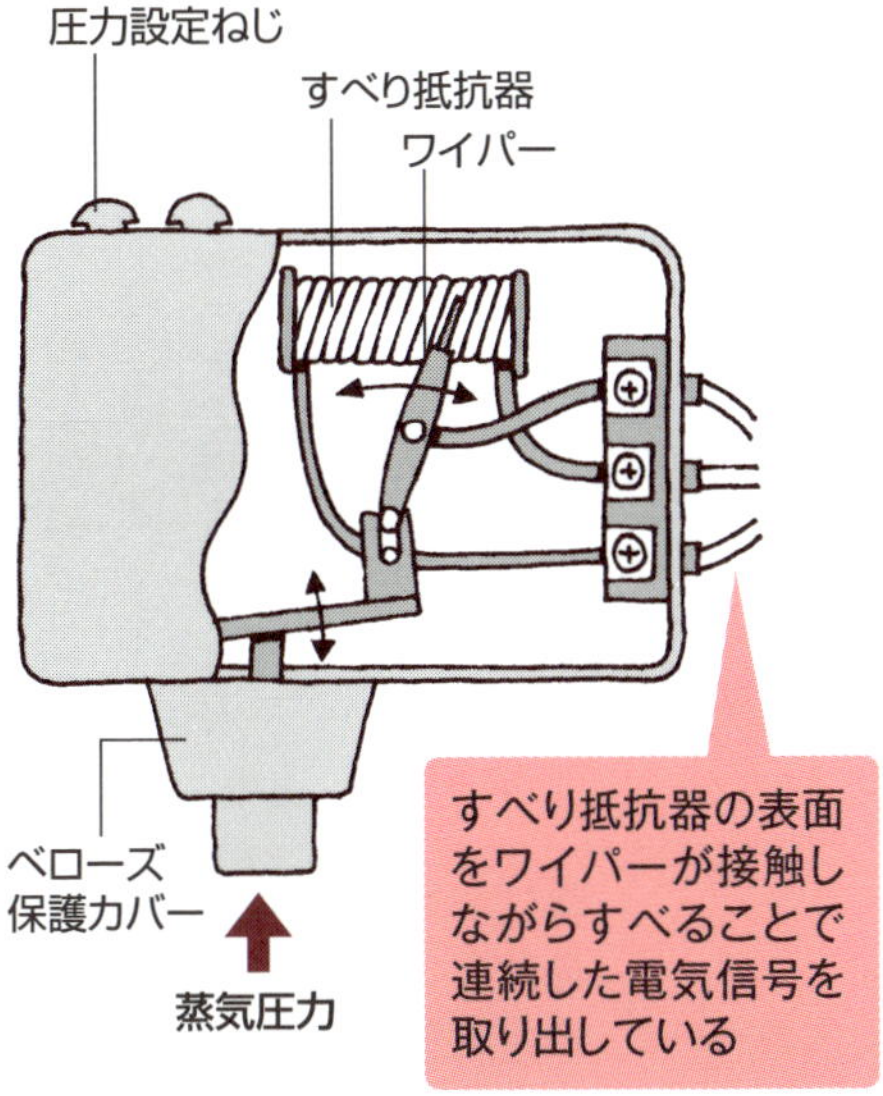

# 58 ボイラー水は適切な成分のものを使う

## 水の成分が省エネに影響する

ボイラーで温水や蒸気を作るには、水が不可欠です。この水が不適切な性状のものであれば、ボイラーを含めた構成装置の金属の腐食やスケールの付着が発生します。

これにより、装置の耐久性だけでなくボイラーとしての効率の低下も問題となります。すなわち、ボイラーを利用する水の適正管理は、装置の保全、省エネや環境対策につながるのです。

(1)水中のカルシウム(Ca)やマグネシウム(Mg)の除去

人の飲む水は、硬水（CaやMgの濃度が高い水）と軟水に分類され、用途により使い分けられています。しかし、ボイラーに利用される水にCaやMgが含まれると、ボイラー内の水温上昇や蒸発で、炭酸カルシウムやけい酸マグネシウムとなって析出します。これらが、蒸発による濃縮でスケールとなって伝熱面に付着すると断熱層となり、ボイラーの効率低下やオーバーヒートを発生させます。また、スケールが伝熱面から脱落するとボイラーの底に溜り、接続部のつまりや循環不良を発生させます。したがって、CaやMgを多く含む硬水は、適切な方法で軟水化（軟化）させる調整が必要となります。

(2)pH調整および溶存酸素の除去

ボイラー本体を含めた構成装置の素材の多くは、各種の炭素鋼です。この鋼の主成分である鉄(Fe)は、高温でpHが低い酸性の水に良く溶け（腐食される）、本体材料が薄くなり強度を低下させます。同じように、pHが13・0以上の高いアルカリ性の水の場合も、高温になるとアルカリ腐食と呼ばれる腐食を発生します。したがって、ボイラー水は、pH11・0～11・8のアルカリ性に調整することが求められます。

また、鉄が水に溶けている酸素（溶存酸素）と結合すると、酸化鉄（サビ）を形成、これがはがれて板厚を薄くします。したがって、ボイラーに利用される水では、溶存酸素を取り除く必要があります。

**要点BOX**

●CaやMgの少ない軟水が適している
●アルカリ性(pH11.0～11.8)がベスト
●水質が適切でないと耐久性や効率の低下につながる

## ボイラー水管理の必要性

ボイラー水に含まれる成分が析出
↓
**スケールの形成**
↓
容器壁面に付着すると断熱層となる

不適正なpHの水における構造素材の鉄と酸の結合
↓
**腐食の発生**
↓
壁面から脱落すると、ボイラーの底に溜まり、接続部のつまりや循環不良を起こす

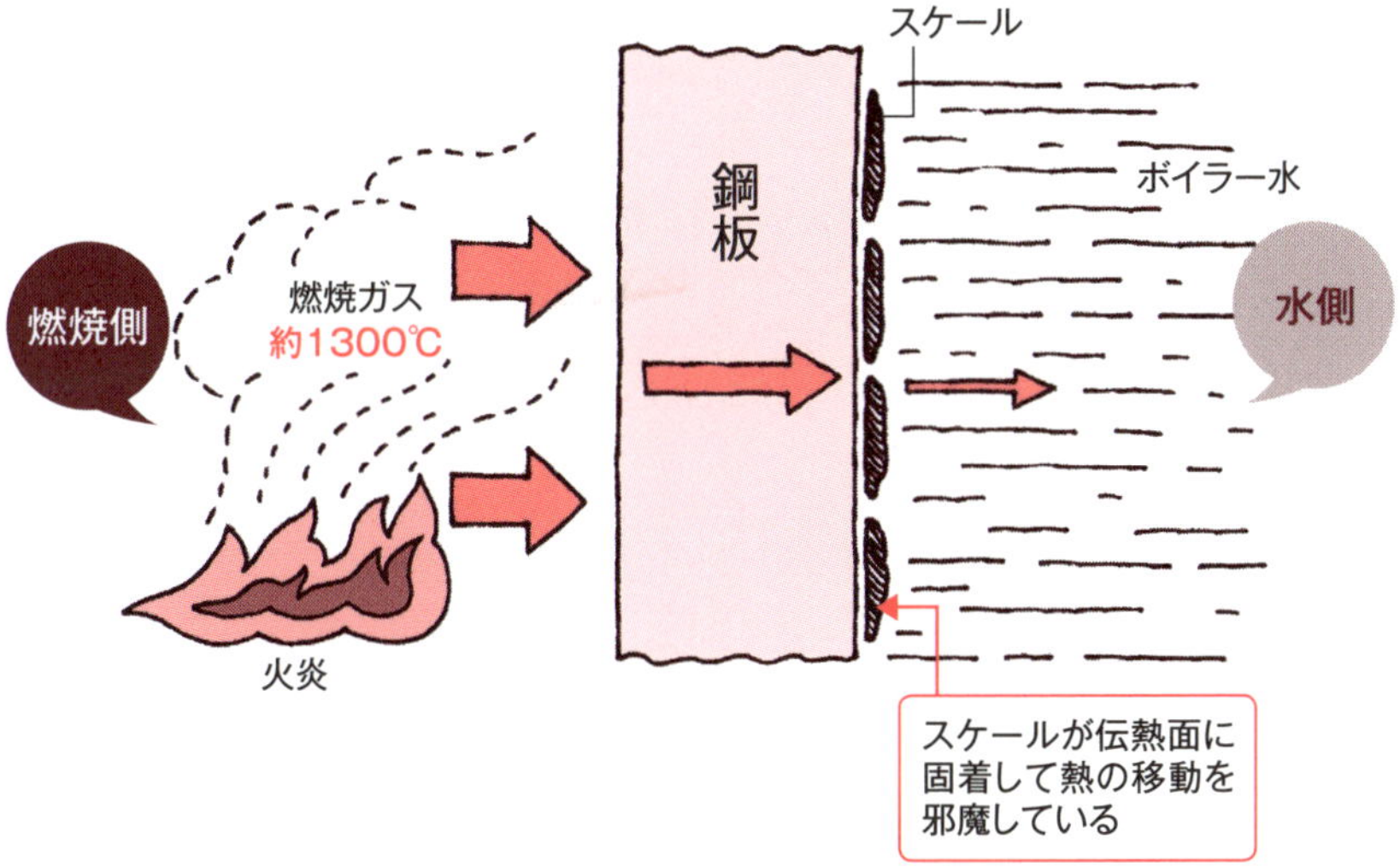


## 各種物質の熱伝導率（単位：W/m・k）

| 物質名 | 熱伝導率 |
|---|---|
| 鋼材 | 46 |
| 銅 | 332 |
| スケール | 0.07～2.0 |
| すす | 0.06～0.1 |

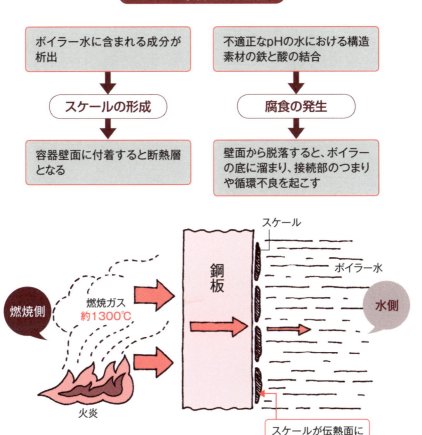

# 59 ボイラー水は使用前に成分を調整する

## 水の成分調整方法

58項で示したように、ボイラーに利用される水は、ボイラー内で加熱されるまでの間に、必要な性状に調整するための処理が行われます。例えば、ボイラー用の水として導入されるまでに、まず、イオン交換でCa、Mgを除去し給水用タンクに貯められ、タンクからボイラーに供給される前に脱酸素処理されます。さらに、ボイラー内において、スケールの防止やスラッジの分散、pH調整をするため清缶剤が使用されます。

(1) Ca、Mgの除去処理：ボイラー水のCa、Mgの除去は、通常、軟化装置と呼ばれる装置内でCaやMgをイオン交換樹脂のNaで置き換える方法で行われます（ただ、一定量を通水すると樹脂中のNaが減少するため、交換樹脂に食塩水を流し、食塩中のNaで付着したCa、Mgを置き換える再生操作で回復させます）。なお、この調整処理には、イオン交換樹脂を使用するイオン交換水製造法やCa、Mgを通過させない逆浸透膜を利用する膜処理法なども利用されることがあります。

(2) pH調整、脱酸素処理：ボイラー用の水は、pHが11・0～11・8のアルカリ性に調整することが求められます。そのため、水に適量の水酸化ナトリウムや水酸化カリウムを加え調整します。逆に、アルカリ度の高い水に対しては、リン酸などの抑制剤によるpH調整が必要となります。また、脱酸素剤（従来はヒドラジンが主に使用されてきましたが、最近は還元性有機酸などを使用）で脱酸素処理します。

(3)ボイラー内の清浄処理：ボイラー内に発生した泥状の沈殿物（スラッジ）が伝熱面に焼き付いてスケールとして固まらないよう、沈殿物の成長を防止するスラッジ分散剤を使用します。また、ボイラー底部にたまったスラッジは、ボイラーの缶底からボイラー水とともに排出させることで除去します。なお、最近のボイラーでは、蒸気が冷やされて温水に戻った復水を復水ライン腐食防止剤などで処理し、温水状態で再利用する工夫で省エネを実現させています。

**要点BOX**

- ●イオン交換でCa・Mgを取り除く
- ●水酸化ナトリウムでpHを調整
- ●ボイラー内のスラッジなどの清浄処理も必要

## ボイラー水の水質調整処理

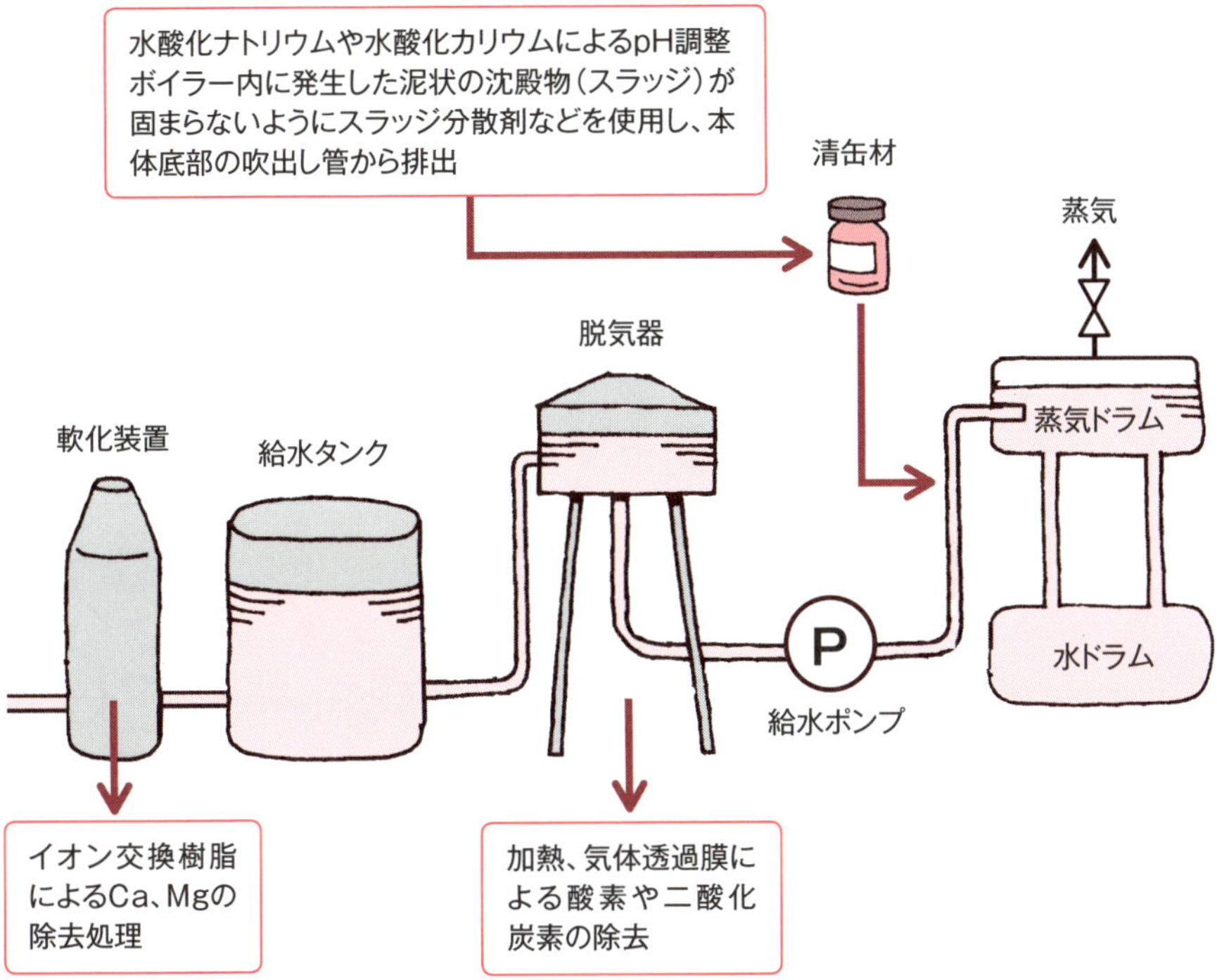

# 60 ボイラー水のイオン濃度を管理する

水の系統内処理



58項で述べてあるように、ボイラーに利用される水の中には、ボイラーを管理する上で障害となる物質がいろいろと含まれています。これらの中には目視では確認できないイオン（電荷を帯びた原子・分子）状の物質も含まれます。すなわち、一見、問題の無さそうな水に見えても、後々ボイラーに悪影響を及ぼす可能性があるため、ボイラーの水管理は重要です。JISでも、ボイラーへの給水用の水やボイラー水に対し、水質の管理項目や管理値を定めているのです。

ボイラー水の水質を適正な範囲に維持するための処理には、大きく分けて二つあります。一つが、ボイラーに給水される前の段階で行うボイラー外処理（補給水処理）です。もう一つが、主にボイラー水に対して行われるボイラー系統内処理です。ここでは、水管理における省エネの観点でポイントとなる、ボイラー系統内処理におけるボイラー本体内にある水の濃度管理操作について説明します。

ボイラー水の水質が管理項目の適正範囲から外れているような場合は、イオン濃度が高まり、これにより生成されるスケールやスラッジの堆積量が多くなっている状況が予想できます。そこで、イオン成分（不純物）や堆積物をボイラー水と一緒にボイラーの外に排出する操作が必要です。この操作がボイラー水の吹出し、「ブロー」と呼ばれる作業です。

この吹出し操作には、①ボイラーが停止または低負荷状態の時、ボイラー本体底部の吹出し弁で、水位の状態をチェックしながら行う間欠吹出し、②ボイラー運転中に蒸気ドラムのボイラー水を連続で抜き取る連続吹出し、の2方式で行われます。いずれにせよ、吹出し操作では、ボイラー水が少なくなり低水位状態になる危険性があるため、常に水位を観察しながら注意して行う必要があります。なお、ブローは熱損失を伴うため、適正な吹出し量（ブロー）を見出しながら行うことが必要でしょう。

**要点BOX**

- ボイラー用の水は目視でわからない問題もある
- ボイラー外処理とボイラー系統内処理がある
- ボイラー内の堆積物を排出する作業が必要

## ボイラー水の管理

給水用の水やボイラー水に対しては、必要な水質の管理項目や管理値を定めておく

↓

**水質が管理項目の適正範囲から外れている**

↓

実際のボイラー水の不純物や堆積物をボイラー水と一緒にボイラーの外に排出する操作（吹出しあるいはブロー）

↓

ボイラーが停止または低負荷状態の時、ボイラー本体底部の吹出し弁で水位の状態をチェックしながら行うのが間欠吹出し

↓

ボイラー運転中、蒸気ドラム内のボイラー水を連続で抜き取るのが連続吹出し

## 水管理における吹出し装置

蒸発中のボイラー水が最も濃縮する水面近くから運転中に少量ずつ**連続的**に吹出し（ブロー）を行う

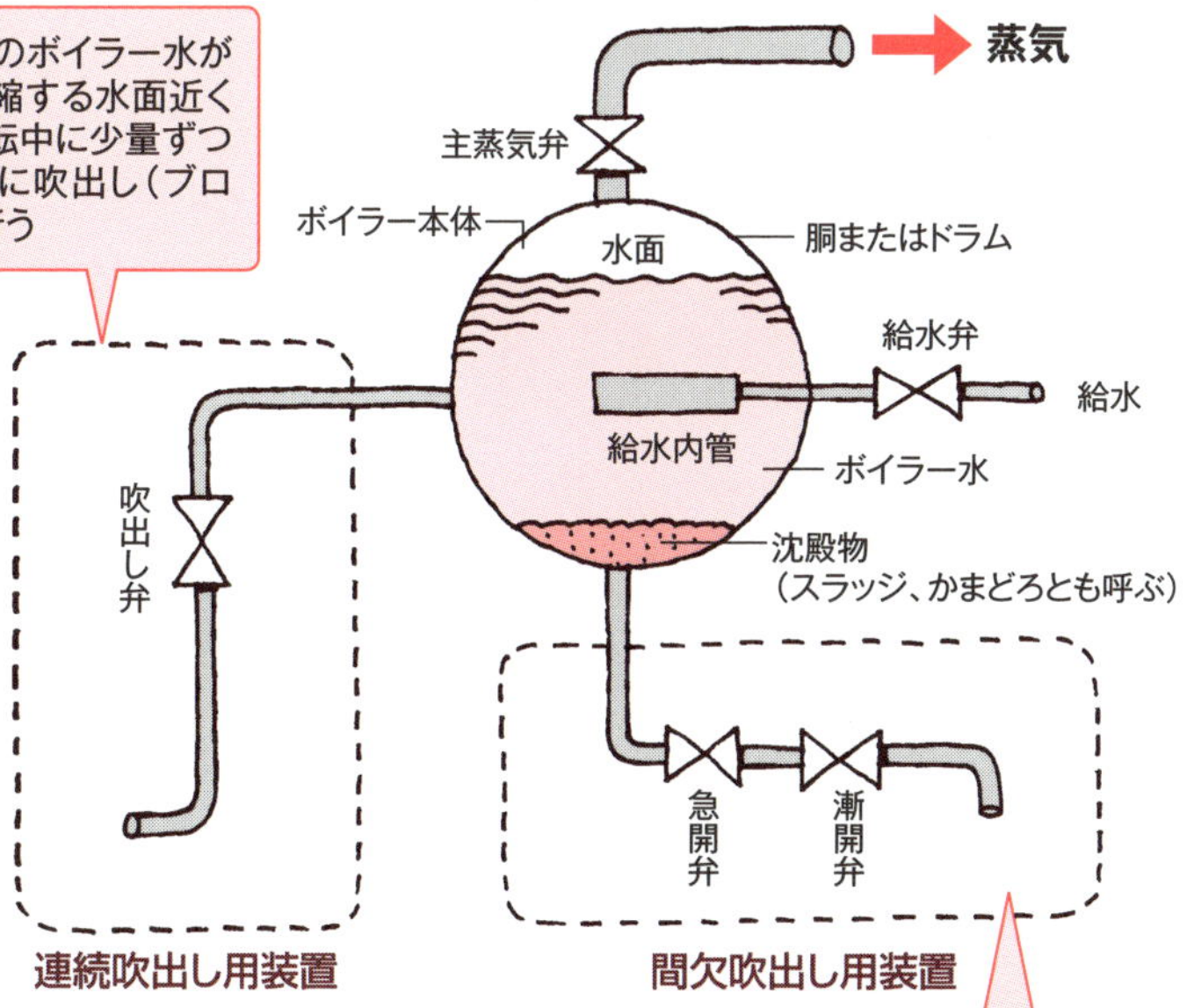


ボイラー水の濃縮を下げたり、沈殿物を排出するためにボイラーの胴またはドラムの底から**手動**で吹出し（ブロー）を行う

# 61 安全確認に欠かせない計測器

計測器の種類と管理

ボイラーには、安全運転などのため、各種の計測器が取り付けられています。

(1)圧力計

ボイラー胴内部の蒸気圧力などを測るもので、ブルドン管式や電子式のものがあります。ブルドン管式は、扁平な管を円弧状に曲げたブルドン管を使用するものです。この管の内部に圧力がかかると、円弧状の管が広がろうとします。その変化で、歯車を動かし針を動かすものです。圧力計では、ボイラーの運転圧力が上限以下を保っているかを確認しますが、自動制御装置では圧力を燃焼量を変えることで調整します。通常、圧力計は、高温の蒸気が圧力計に直接入りこまないよう水を入れた管(サイホン管)を介し、ボイラー本体の最も高い位置に取り付けます。

(2)水面計

ボイラーの水位が下がり過ぎるとボイラーの胴や水管が過熱し、大変危険です。水面計は、ボイラー内の水面の位置を確認するための計測器で、ボイラー技士などが目で見て確認するものと、自動制御装置に電気信号として送信するものがあります。目視で確認するものには、ガラス水面計などがあります。水面計には常用水位を表示し、現状水位との位置関係で水位が適正かを確認します。運転中、水面計が正常であるかは、常に水面がわずかに動いていることや2個の水面計で両者に差が生じていないことなどで確認します。水面計のつまりを防止するために掃除も必要です。一方、自動制御の検出器としては、フロート(浮き)の位置変化によりマイクロスイッチをオン・オフする機構のもの、高さの異なる電極を何本か入れ、電極間に電流が流れるかどうかで水面の高さを測るものがあります。

(3)その他の計測器

温水ボイラーの温水温度などを測る温度計、燃焼ガスの流れの状態を計測する通風計なども使用されます。

**要点BOX**

- ●計測器はボイラーの安全には欠かせない
- ●圧力計はボイラー内の圧力が一定かを計測する
- ●水面計は水位が安全な状態かを計測する

## 各種計測器の取付け状況

**圧力計の取付け状況**

容器最上部に取り付けた測定管を圧力計の見やすい位置に導びくために写真の鋼管がブルゾン管の役目をする

**水面計の取付け状況**

写真のように2個の水面計を取り付け、差の生じていないことで、異常のないことを確認する

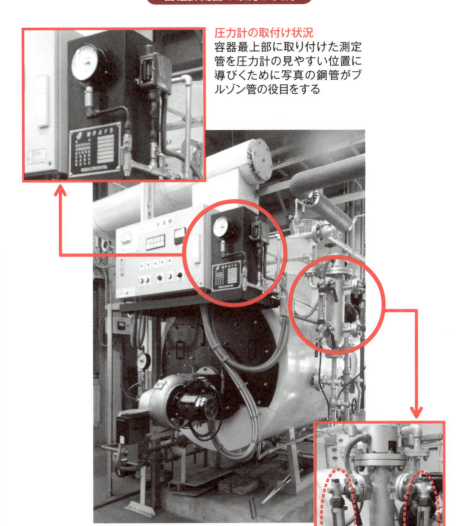

# 62 ボイラー点火前の点検と取扱い①

## 計測装置、吹出し装置、給水装置の点検

ボイラーを安全に運転するために、運転開始前の点検は非常に重要です。特にボイラーの点火時には、炉内ガス爆発などの災害発生の危険性が高く、その発生防止には点火前の点検を含め、取扱いに十分な準備と対応が必要です。ここではボイラーの点火前後に実施する点検や準備、取扱いについて見ていきましょう。

(1)圧力計の点検、取扱い

まず、ボイラー本体から圧力計へつながる管に取り付けられているコックが開いていることを確認します。その後、圧力計の指針の位置を点検します。この時、ボイラー本体内部に圧力が無ければ、指針の位置はゼロに戻っていなければなりません。

(2)水面測定装置の点検、取扱い

水面計のコックを操作して水面計につまりがなく、水位を正常に示していることを確認します。水面計につながる3つのコックの開閉状態（蒸気コックと水コックは開、ドレンコックは閉）の確認と同時に、水面計の水位が常用水位であることを確認します。常用水位より低い場合は給水を、高い場合は吹出しを行うことで、ボイラー水位として適正な常用水位に調整します。

(3)吹出し装置の点検、取扱い

吹出し装置の吹出し弁や吹出しコックを開き、ボイラー水が正常に排出されることを確認します。その後、漏れのないことを確認し、弁やコックを確実に閉じます。

(4)給水装置の点検、取扱い

給水管路に取り付けられた手動の給水弁が開いていることを確認し、給水タンクに取り付けられた水面計でタンクの貯水量を確認します。さらに、ボイラーの水位検出器の水位を強制的に下げると給水ポンプが起動すること、水位が設定された位置まで上昇すると給水ポンプが停止することを確認します。

**要点BOX**

- ●ボイラー点火時は事故の危険性が高い
- ●点火前後は十分な点検や正しい取扱いが必要
- ●計測装置を正しい手順で点検する必要がある

# 点火前の取扱い①

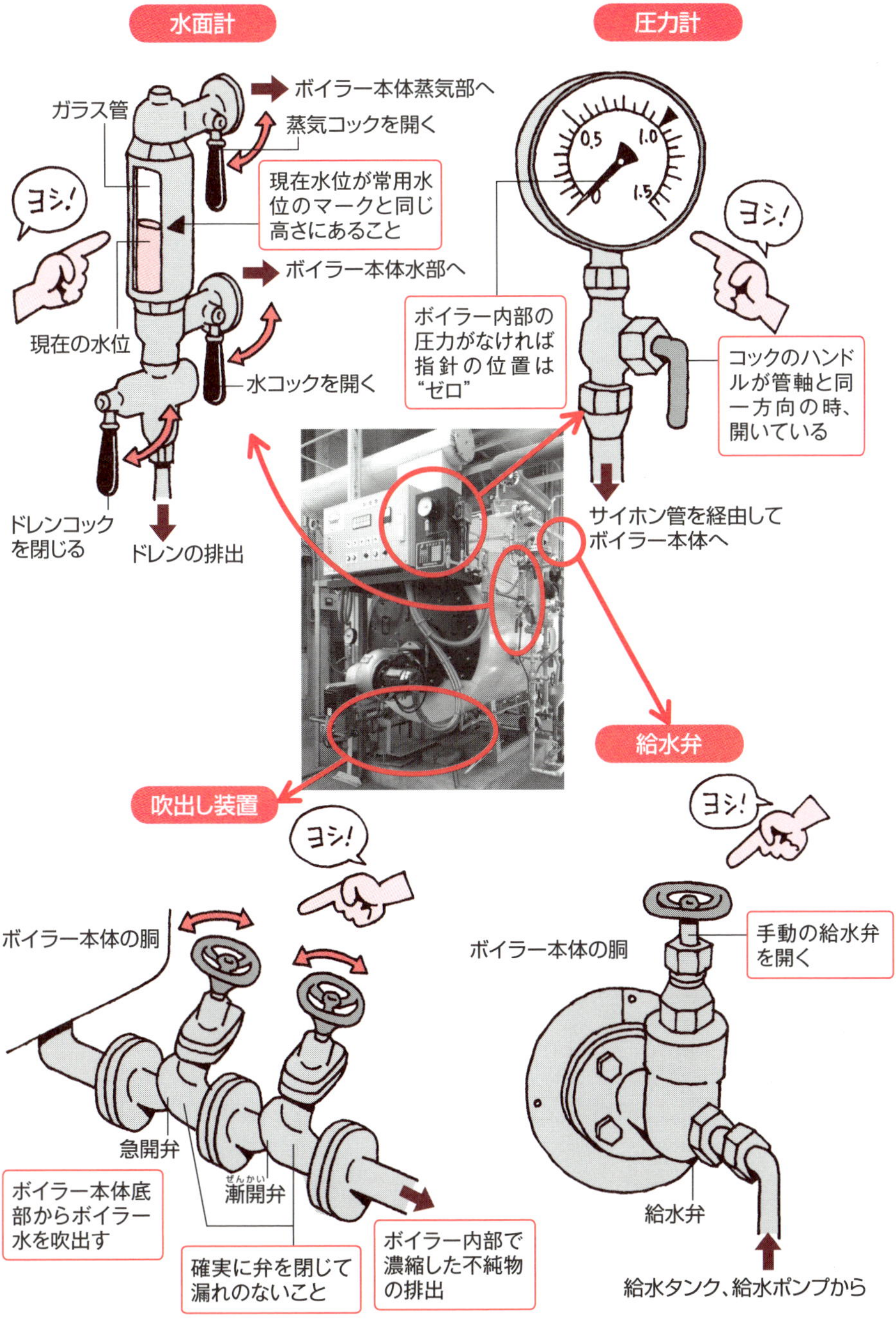
水面計
ガラス管
ボイラー本体蒸気部へ
蒸気コックを開く
ヨシ!
現在水位が常用水位のマークと同じ高さにあること
ボイラー本体水部へ
現在の水位
水コックを開く
ドレンコックを閉じる
ドレンの排出
圧力計
0.5
1.0
1.5
0
ヨシ!
ボイラー内部の圧力がなければ指針の位置は“ゼロ”
コックのハンドルが管軸と同一方向の時、開いている
サイホン管を経由してボイラー本体へ
給水弁
吹出し装置
ヨシ!
ボイラー本体の胴
急開弁
ボイラー本体底部からボイラー水を吹出す
漸開《ぜんかい》弁
確実に弁を閉じて漏れのないこと
ボイラー内部で濃縮した不純物の排出
ヨシ!
ボイラー本体の胴
手動の給水弁を開く
給水弁
給水タンク、給水ポンプから

# 63 ボイラー点火前の点検と取扱い②

## 燃焼装置、水処理装置、弁の点検

ボイラーの点火前後に実施する点検や準備、取扱いについてさらに見ていきましょう。

(1)燃焼装置関係の点検と取扱い

液体燃料の場合は、ボイラー本体へ送油するためのサービスタンクの貯油量を油面計で点検します。あわせて、サービスタンクからボイラーへつながる燃料用配管にある手動の弁が開いていることを確認します。また、煙道の各ダンパを全開にして、ファンの運転に備えます。さらに、火炎の有無を検出するためのセンサ（火炎検出器）の受光面などに汚れなどが付着していないかを確認することも忘れてはいけません。

(2)水処理装置の点検と取扱い

ボイラーの水処理装置として一般的に軟化装置が用いられますが、この装置の通水経路に異常がないことを点検すると同時に、通水後の処理水が適正な状態に維持されているか、処理水を少量取り出し、指示薬を使用して確認します。

また、給水ポンプからボイラーへの給水経路中に水処理のための薬注装置がありますが、この装置に適正な清缶剤が投入されていることも確認します。

(3)空気抜き弁と主蒸気弁の点検と取扱い

空気抜き弁（ボイラー内の空気を抜くため、ボイラー本体に取り付けられた弁）は、ボイラーの点火前の時点では開いておく必要があります。これは、点火した後、発生した蒸気によりボイラー本体内部にある空気を外部に排出する必要があるためです。ボイラー本体内部に空気が残っていると、供給する蒸気の中に空気が混入してしまい、トラブルの原因になります。

また、主蒸気弁（ボイラーで作られた蒸気を使用設備に送るための主蒸気管につながるボイラー本体に設けられた弁）は、点火後のボイラー内部の蒸気が十分に昇圧した後、各使用設備へ確実に送り出すため、ボイラーの点火前は閉じておかなければなりません。

**要点BOX**

- 燃焼装置はダンパの開閉、センサの汚れを確認
- 水処理装置は通水経路や処理水を確認
- 必要に応じて弁の開閉を確認

## 点火前の取扱い②

### サービスタンク（オイルタンク）

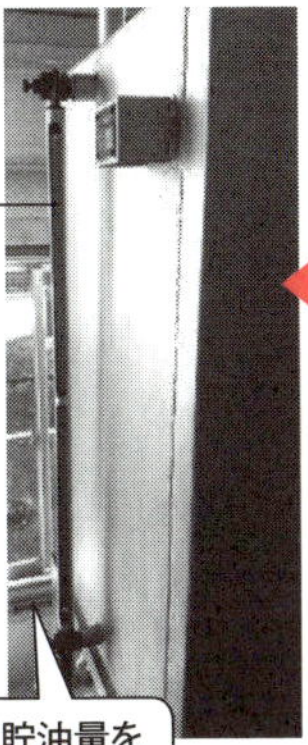
油面計
貯油量を確認する

油の送入
油の取出し
側面から見ると


### 軟化装置（水処理装置）

簡易的な指示薬チェックのための処理水の取出し口
給水の流れ
装置内部には水中の$Ca^{2+}$、$Mg^{2+}$を吸着するイオン交換樹脂が入っている


### ボイラー上部から見た主蒸気弁及び空気抜き弁

ボイラー本体を上部から見ると


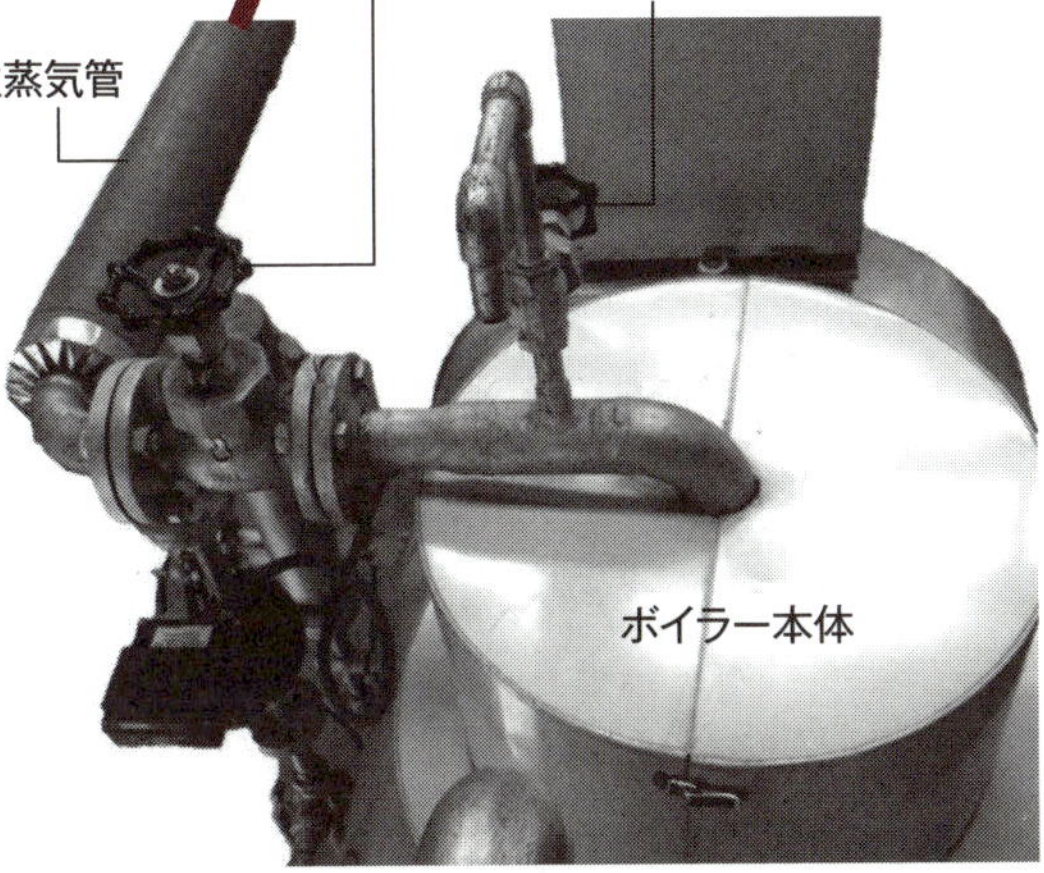
ポイント
ボイラーの点火前は閉じておく
ポイント
ボイラーの点火前は開いておく
主蒸気弁
蒸気使用設備へ
空気抜き弁
主蒸気管

# 64 ボイラー点火後の取扱い①

## 点火時、点火後の燃焼の監視

ボイラーを使用する前の点検や準備を確実に行った後、ボイラーを起動します。ここでは、点火から定常運転までの一連の流れにおける取扱いで留意すべき事項について見ていくことにしましょう。

### (1)点火時における燃焼制御の監視

現在のボイラーの大部分は、点火時から定常燃焼に至るまでの一連の動作が自動制御により行われています。こういった制御装置の発達により、以前に比べ安全に対する信頼性が増したと言えるでしょう。しかし、これに頼りすぎると思わぬ事故を引き起こす可能性があることも忘れてはいけません。そのため人的な監視が必要になってきます。点火時の正常運転動作においては、起動スイッチが押されると、異常がなければ点火動作よりも先にファン（送風機）や噴燃ポンプ（液体燃料の場合）の運転が開始されます。このファンの運転は、炉内や煙道内に未燃ガスなどが残されていた場合に、煙突を通じて炉外へ排気する換気の役割があるため、煙道の各ダンパは全開にする必要があります。このような意味を理解した上での監視が必要になります。換気後の点火動作に移ると点火スパークが開始され、燃料遮断弁が開いてバーナーに着火することになります。

### (2)点火後の燃焼状態・圧力の監視

点火直後は、炎が不安定になっている可能性があるため注意を怠ってはいけません。場合によっては、点火失敗による不着火という事態も想定しておく必要があります。また、着火により適正な火炎を形成できたとしても、燃焼始め（たき始め）は、燃焼量を急激に増さないようにして、局所的な温度上昇によるボイラー本体の不均一な膨張変化（不同膨張）に注意することが大切です。その他、点火後の蒸気圧力の上昇に伴い、圧力計の指針の動き具合を目視によって確認しますが、その動きに疑いがあるときは予備の圧力計と交換するなどの必要があります。

**要点BOX**

- ●点火時の動作は人間の目でも確認する
- ●自動制御による動作の意味を理解することが重要
- ●点火直後の炎の状態に注意する

## ボイラーの構成例

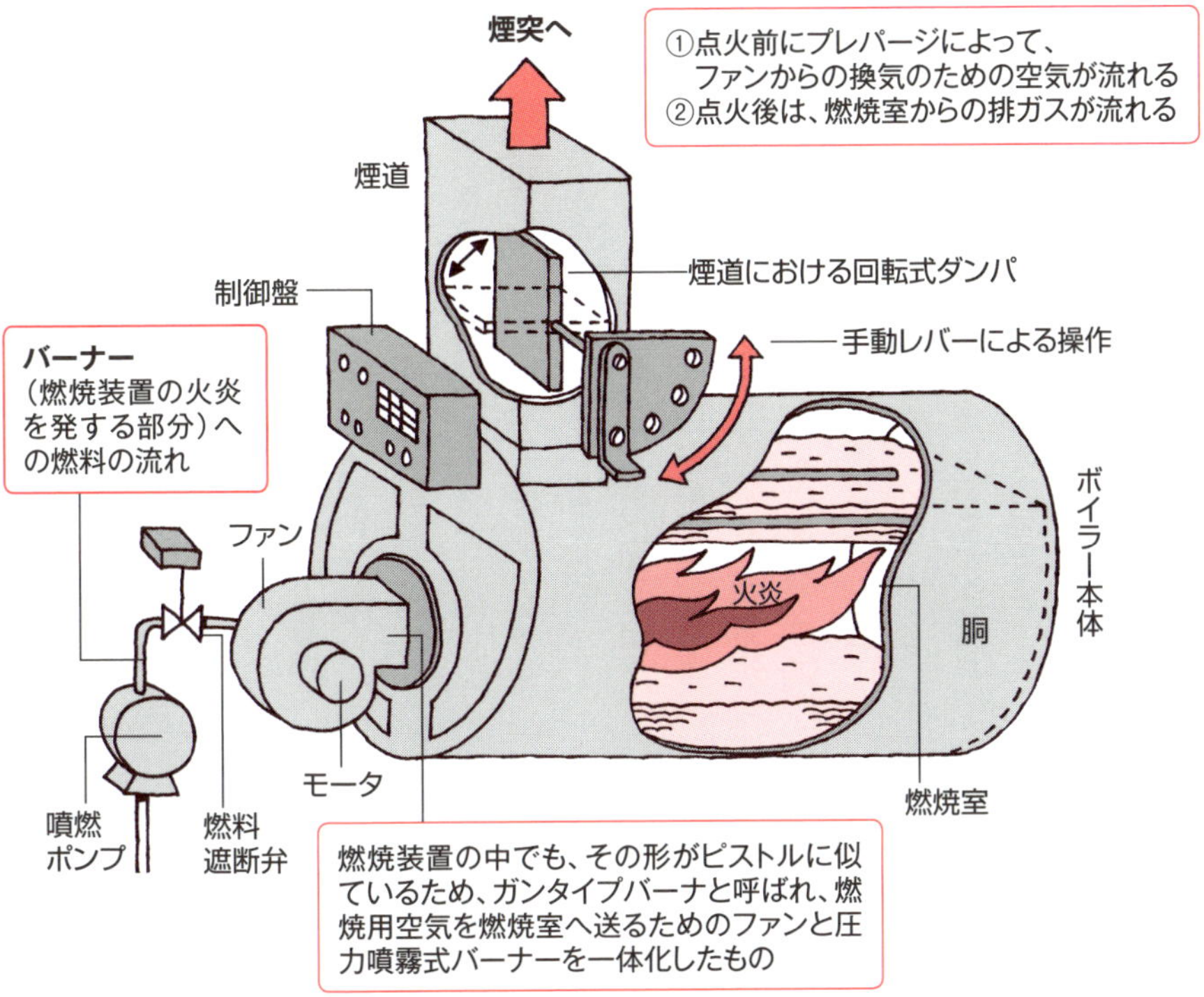


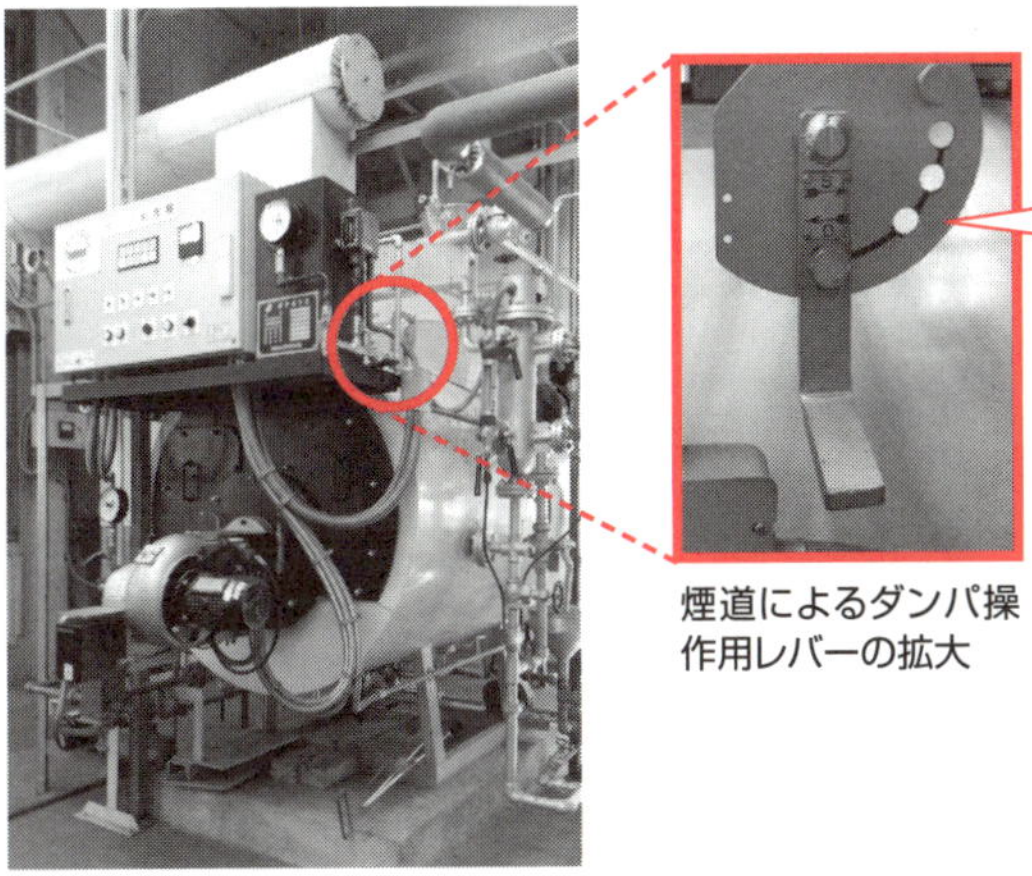
ボイラーの起動時には、プレパージが行われるため、ダンパを全開にする


煙道によるダンパ操作用レバーの拡大

**用語解説**

プレパージ：ボイラーの運転を始めるときに点火動作に先立って、ファン（送風機）だけを一定時間運転し、燃焼室内にたまっている未燃ガスを排出して、ガス爆発を未然に防ぐために点火前に炉内換気を行うこと。

# 65 ボイラーの点火後の取扱い②

## 点火後の弁の開閉と水位の監視

ボイラーの点火後の運転における留意すべき事項や取扱いについてさらに見ていくことにしましょう。

(1)点火後の空気抜き弁と主蒸気弁の開閉について

点火前は、空気抜き弁は開け、主蒸気弁は閉じていましたが、点火後はボイラーの状況を確認しながら弁を操作する必要があります。まず、点火後のボイラー内部で蒸気が発生し始めると、蒸気に押し出される形で空気抜き弁からボイラー内部の空気が排出されます。そして、蒸気圧力が少し上昇し、空気抜き弁の先からは「シュー」という音とともに湯気が排出される様子が確認できます。この現象を確認した後、空気抜き弁を閉じる操作を行います。

空気抜き弁を閉じるとボイラー本体の蒸気圧力がゆっくりと上昇していきます。設定圧力付近まで上昇したところで、蒸気使用設備に蒸気を送るために主蒸気弁を開けますが、蒸気が送り込まれる側の状態を考慮して弁の操作を行う必要があります。つまり、主蒸気管および蒸気を送り込まれる側の温度が低くなっていることを想定し、少しずつ弁を開きながら蒸気を送ることで主蒸気管を温める暖管操作を行います。

(2)水位の監視と水面測定装置の機能試験について

ボイラー点火後の水位を監視しながら、常用水位を保持するように運転することは大変重要です。特に、低水位事故を起こさないようにするためには、水面計が確実に機能していなければなりません。そこで点火後の圧力上昇時に水面計の機能試験を行います。

これは水面計につながる3つのコックを順次開閉することで水面計の中に蒸気やボイラー水を通し、管路につまりがないことを確認するとともに、水面計内部の掃除を行う大切な作業となります。

(3)目視による火炎の監視

ボイラーには一般的に燃焼室内部の状況を確認できる小さな覗き穴があり、燃焼による火炎の色や流れの方向などを目視によりチェックします。

**要点BOX**

- ●点火後は状況を確認しつつ弁を操作する
- ●蒸気を送り込む先の状態を考慮して操作する
- ●水面計が機能しているか点火後に試験を行う

# 点火後の取扱い②

## 空気抜き弁と主蒸気弁の開閉手順

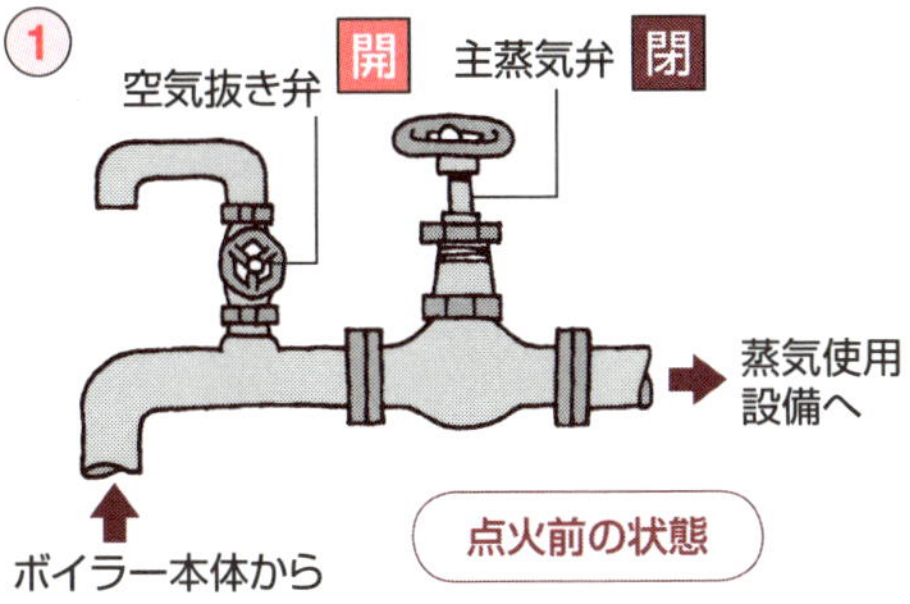


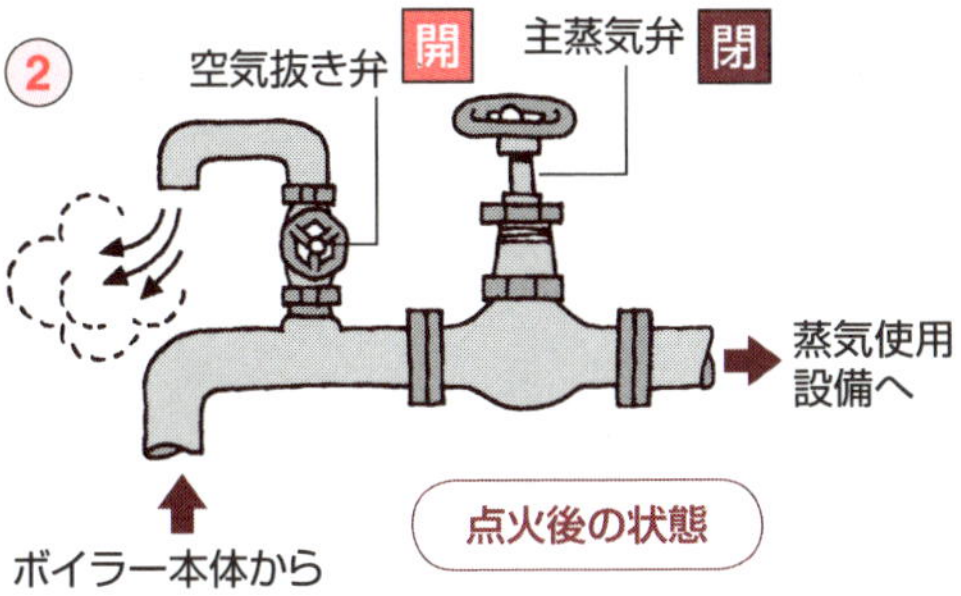


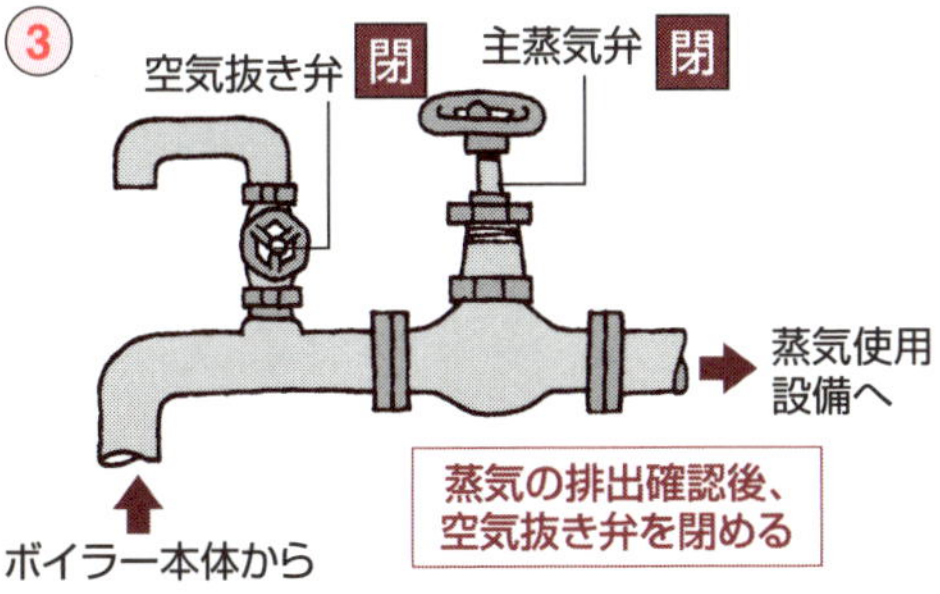


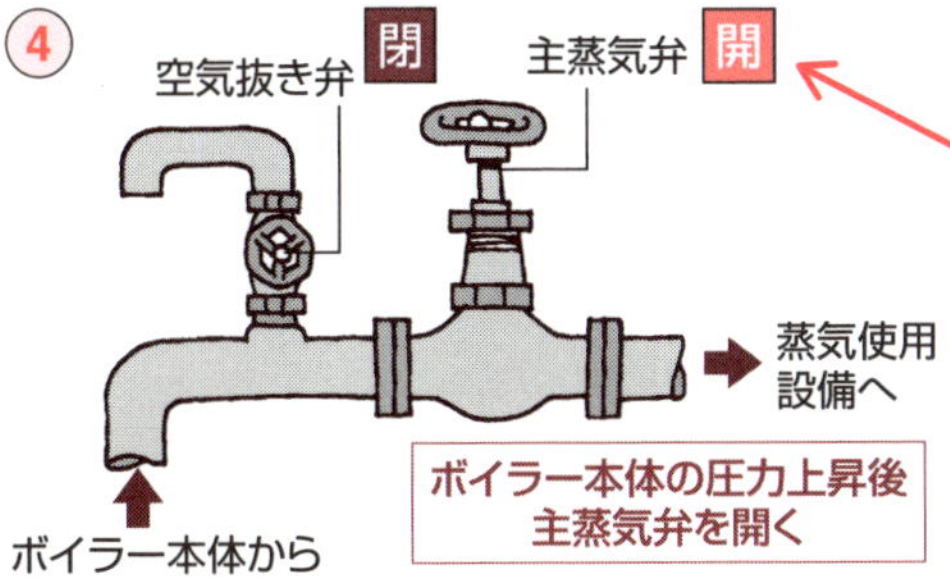


## 水面測定装置の機能試験 水面計

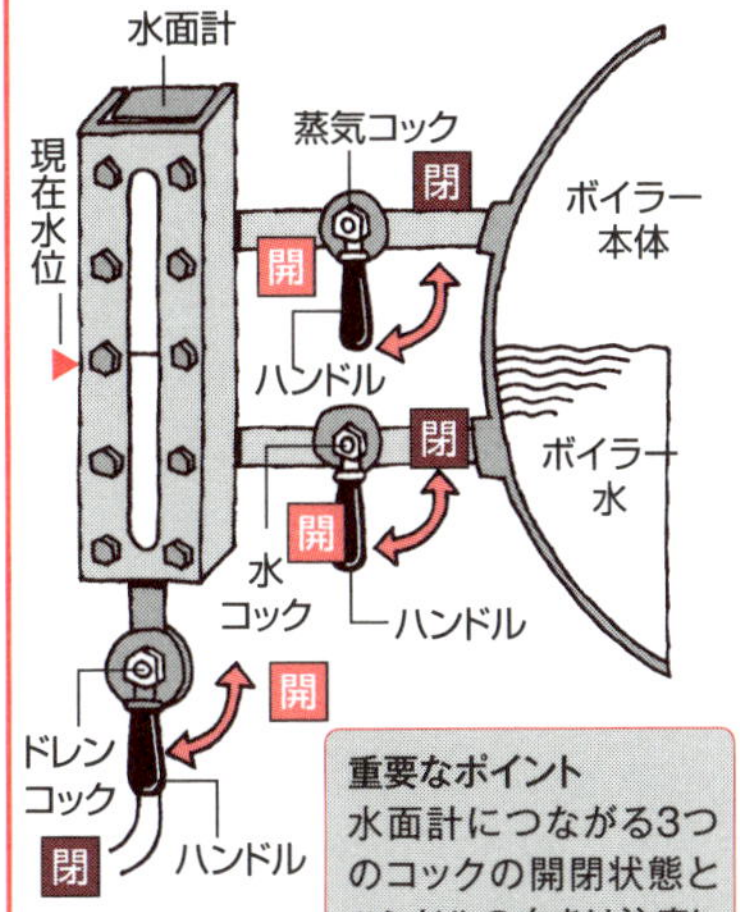


**重要なポイント**
水面計につながる3つのコックの開閉状態とハンドルの向きは注意!

〈機能試験の手順〉

① 蒸気コック、水コックを閉じ、ドレンコックを開けて、水面計内部の蒸気及び水を排出する

② 水コックを開いてボイラー内部の圧力でボイラー水を勢いよく排出し、詰まりのないことを確認すると同時に、掃除を行う。その後、水コックを閉じる

③ 蒸気コックを開いて、ボイラー内部の圧力で蒸気を勢いよく出し、詰まりのないことを確認すると同時に、掃除を行う。その後、蒸気コックを閉じる

④ ドレンコックを閉じてから、先に蒸気コックを少しずつ開く。そして、水コックを開く

**主蒸気弁の開き方のポイント**
蒸気を少しずつ送るようにわずかに開き、暖管し、その後もウォータハンマに注意しながら、徐々に開いていく

# 66 運転中のトラブル発生と対処法

## 水位の異常、キャリーオーバー、バックファイヤー

使用開始直後や使用中のボイラーで発生するトラブルの概要、その発生原因と対処法をまとめると以下のようになります。なお、運転中に異常を感じた場合は、67項に示す手順で適切な停止処置を行い、その原因を確認し修正処置を行います。

(1)水面計で観察される水位の異常低下

水面計が正常な状態にも関わらず水位の異常低下が検出された場合は、①燃料供給を止め、ボイラーに空気を送り込んで冷却します、②主蒸気弁を閉じ、ボイラーの冷却状態に合わせながら給水量を増していきます。水位の異常低下は、蒸気の異常消費や水面計への配管のつまり、吹出し装置の締切不足、水の温度上昇による給水不良、などが原因です。

(2)ボイラー水のキャリーオーバーの発生

キャリーオーバーは、ボイラーで発生する蒸気中に水滴や泡を含む現象で、水面計の水面が波打つことでわかります。この現象は蒸気の熱量を低下させるほか、ウォーターハンマーによる配管類の破損、自動制御装置の誤動作などを発生させる危険があります。また、食品関連の装置では、汚染や異臭の原因となり、不良品の発生につながります。なお、キャリーオーバーの発生防止には、高水位にならないように給水管理を行うことや、蒸気の供給開始時に主蒸気弁をゆっくり開くなどの注意が必要となります。

(3)バックファイヤーの発生など

バックファイヤーは、点火時や運転中の不安定な燃焼により、少量の燃料がガス化した状態で燃焼室に一時滞留し、それに着火して小爆発が起こり、火炎がたき口から逆方向に噴き出す現象です。バックファイヤー発生の原因は、空気より燃料を先に供給した場合や煙道のダンパの開き不足、燃料供給の過大、点火用バーナの燃料供給圧力不足、などがあります。その他の異常として、燃料の噴霧不足により火炎中に火花が発生することなどがあります。

**要点BOX**

- トラブル発生時は適切に停止し不具合を修正する
- 水位の異常は燃料供給を止め冷却して対処
- キャリーオーバーやバックファイヤーに注意

# 水位の異常低下時におけるボイラーの状態

## 水位の異常低下時におけるボイラーの状態

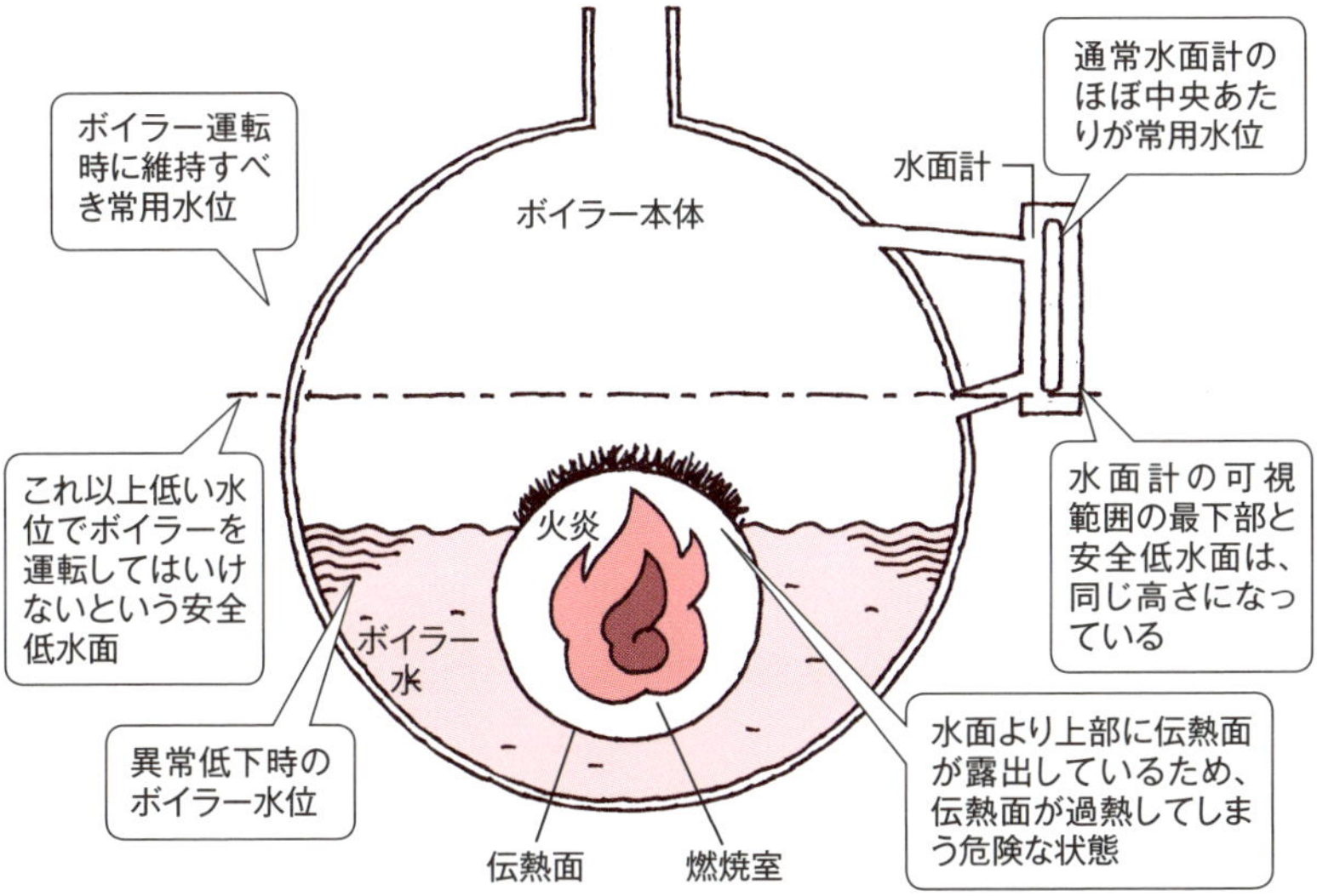


※ボイラーの取扱い及び運転管理の基本として、水位、圧力、燃焼状態の監視があるが、そのうちの1つである水位の監視は重要であり、上図のような状態から低水位事故が起きることになる。

## キャリーオーバー時のボイラーの状態

### プライミングが発生している状態

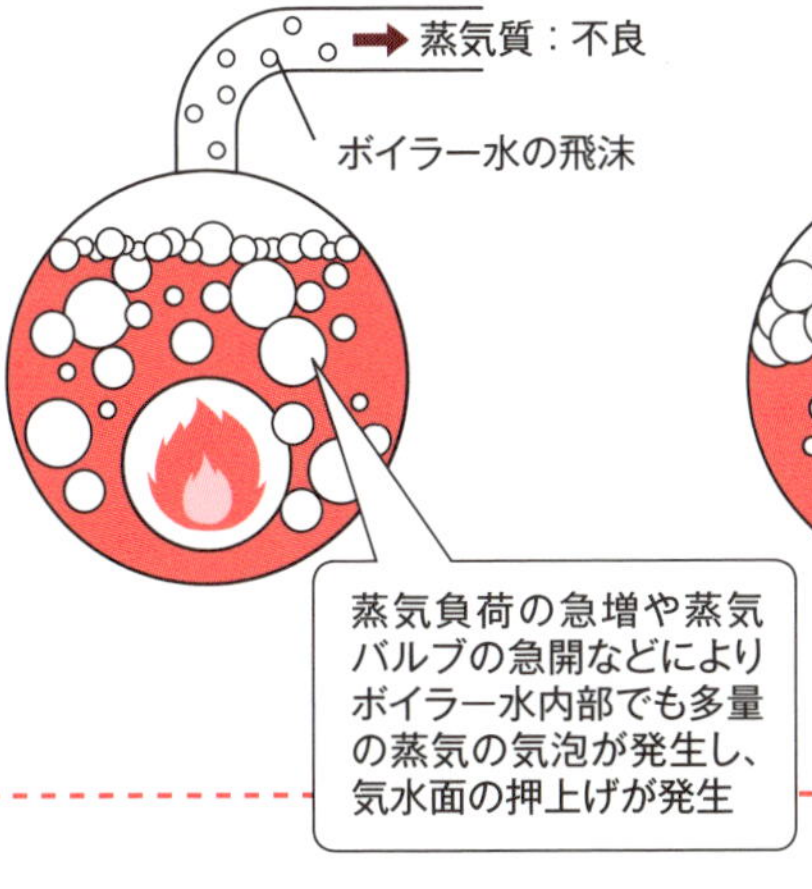


### ホーミングが発生している状態

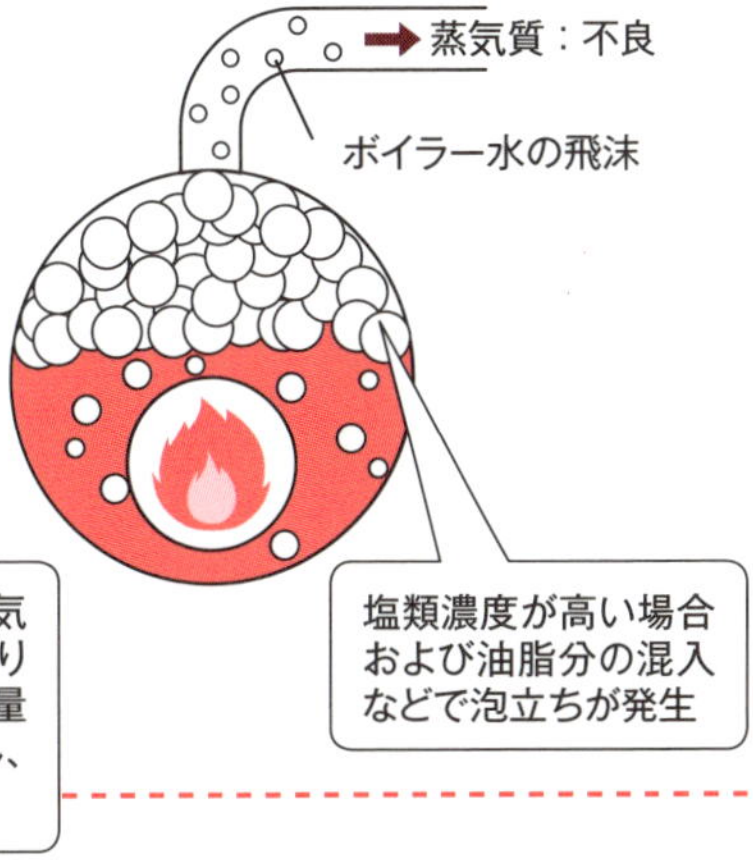

# 67 ボイラーの停止と保全

## 通常の停止処置と非常停止、点検

ボイラーは、日々の運転において安全で、効率の良い運転ができるよう、常に保全に心がけることが必要です。ボイラーの停止には、通常の運転停止のほか、状況によって非常停止を行うことや、自動制御による非常停止動作があります。ここでは、ボイラーの使用停止時の処置、非常停止時の対応処置について示すとともに、日常の点検や保全について示します。

### (1)非常停止、運転終了後の停止の対応処置

非常停止した場合は、①燃料供給を停止する、②炉内、煙道の換気を行う、③主蒸気弁を閉める、④必要水位を確保する、⑤ダンパを開放した状態にする、の手順で行います。その後、非常停止の原因を突き止め、問題点を修復した上で再起動します。

また、ボイラー運転終了後の停止は、①燃料供給を停止する、②炉内、煙道の換気を行う、③給水して圧力を低下させる、④主蒸気弁を閉める、⑤ダンパを閉じる、の手順で行います。

### (2)点検・保全

ボイラーの点検・保全措置では、毎日行うべき事項、1カ月ごとの定期自主検査、1年ごとの性能検査に向けた点検整備などがあります。これらは、年間の点検・保全計画を立て、いつどのような点検・保全措置が必要かを洗い出し、チェックリストや実施報告を作成します（検査結果の保管や管理も重要です）。

①毎日の保全・点検：ボイラー起動時の点火前後に行う点検項目が目安です。

②1ヶ月ごとの定期自主検査：ボイラー本体や燃焼装置、自動制御装置、附属装置、附属品について法定の検査を行います。さらに、伝熱管、各配管の内面のスラッジ、スケールの除去、腐食状態の点検、外面のスケール除去などを行います。

③1年ごとの性能検査に向けた点検整備：検査に向けた装置および周辺機器の清掃と、それらの正常運転に向けた点検整備を行います。

**要点BOX**

- 通常の停止と非常停止のいずれも手順通りに対応する必要がある
- 毎日の点検のほか、定期的に行う点検がある

## 安全で、効率良いボイラー運転のための保全

① 毎日の保全・点検：起動時の点火前後に行う点検項目が目安
② 1カ月ごとの定期自主点検：ボイラー本体や附属装置、附属品について法定の検査と配管内面のスラッジ、スケールの除去、腐食状態の点検、外面のスケール除去など
③ 1年ごとの性能検査に向けた点検：検査に向けた装置、周辺機器の清掃、点検・保全

↓

**運転**

非常停止の対応処置
↓
**燃料供給の停止**
↓
**炉内、煙道の換気**
↓
主蒸気弁を閉める
↓
必要水位を確保する
↓
ダンパの開放状態の維持
↓
問題点の修復

運転終了後の停止の対応処置
↓
**燃料供給の停止**
↓
**炉内、煙道の換気**
↓
給水して圧力を低下させる
↓
主蒸気弁を閉める
↓
ダンパを閉じる
↓
停止

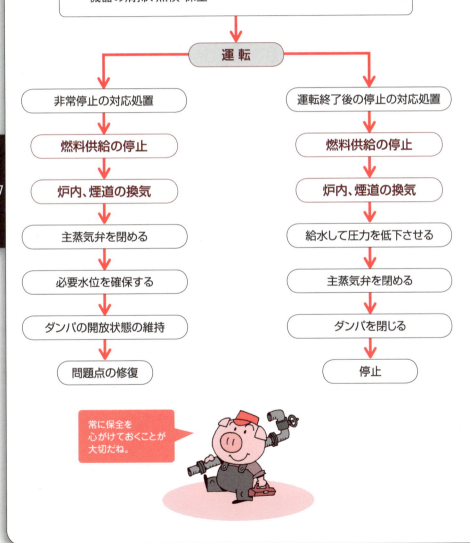

Column

# ボイラー水の管理

ボイラーでは、温水や蒸気を作る上で水が不可欠です。もちろん安全面からは水の量が適切であるかの確認は重要ですが、同時に

ボイラー水の性状に関しては、まず水中のカルシウムやマグネシウムの除去が求められます。すなわち、ボイラー水にこれらの物質が含まれると、加熱による水の温度上昇や蒸発で炭酸カルシウムやけい酸マグネシウムとなって析出、これらが容器壁面に付着することでボイラーの効率低下や容器のオーバーヒートを発生させます。また、ボイラー水のpHの値も適正範囲に調整することが必要となります。高温でpHが低い酸性の水では、ボイラーの構成素材の炭素鋼の鉄が溶け出し、本体材料が薄くなることで耐久性を低下させます。同じような現象は、高温でpHが13以上のアルカリ性の場合も、アルカリ腐食と呼ばれる腐食によって発生します。こうしたことから、ボイラー水は、pHが11・0～11・8のアルカリ性に調整することが求められます。

そこで、ボイラー用の水として導入されるまでに、まず、軟化装置でカルシウムやマグネシウムの除去が行われます。その後、薬液注入により水酸化ナトリウムなどによるpH調整、還元性有機酸などによる脱酸素処理（ボイラー水の余分な酸素も、鉄と化合してサビとなり本体材料を薄くします）が行われます。さらに、ボイラー本体においても、清缶剤によりボイラーや配管内で生成されたサビや泥状の沈殿物（スラッジ）が固まらないようにします。なお、ボイラー本体にたまったサビやスラッジは、ボイラー本体底部に取り付けられた吹き出し弁やコックの操作により排出します。このように、ボイラーにおいては、使用するボイラー水についてもいろいろと管理することが必要で、安全のための装置の確認とともにボイラー技士などボイラー取扱者による日々の点検が不可欠となるのです。

ボイラーに使う水としての性状の適正保持も大切になります。

**【参考文献】**


・「ボイラー図鑑」一般社団法人 日本ボイラ協会
・「最短合格　2級ボイラー技士試験」一般社団法人 日本ボイラ協会
・「トコトンやさしい 蒸気の本」勝呂幸男著、日刊工業新聞社
・「安田克彦の溶接道場　「現場溶接」品質向上の極意」安田克彦著、日刊工業新聞社
・「わかる！ 使える！ 溶接入門」安田克彦著、日刊工業新聞社
・「トコトンやさしい圧力容器の本」大原良友著、日刊工業新聞社
・「トコトンやさしい溶接の本」安田克彦著、日刊工業新聞社
・「絵とき『溶接』基礎のきそ」安田克彦著、日刊工業新聞社
・「目で見てわかる良い溶接・悪い溶接の見分け方」安田克彦著、日刊工業新聞社
・「トコトンやさしい板金の本」安田克彦著、日刊工業新聞社

今日からモノ知りシリーズ
トコトンやさしい
ボイラーの本

NDC 533

2018年12月26日　初版1刷発行
2024年 7月25日　初版5刷発行

監修者　一般社団法人 日本ボイラ協会
©著者　安田克彦・指宿宏文
発行者　井水 治博
発行所　日刊工業新聞社
東京都中央区日本橋小網町14-1
(郵便番号103-8548)
電話　書籍編集部　03(5644)7490
販売・管理部　03(5644)7403
FAX　03(5644)7400
振替口座　00190-2-186076
URL　https://pub.nikkan.co.jp/
e-mail　info_shuppan@nikkan.tech
企画・編集　エム編集事務所
印刷・製本　新日本印刷(株)

●DESIGN STAFF
AD――――――志岐滋行
表紙イラスト――――黒崎　玄
本文イラスト――――榊原唯幸
ブック・デザイン――奥田陽子
（志岐デザイン事務所）

●
落丁・乱丁本はお取り替えいたします。
2018 Printed in Japan
ISBN　978-4-526-07911-5　C3034


●監修者紹介

## 一般社団法人 日本ボイラ協会

ボイラー・圧力容器による災害の防止、地球温暖化や大気汚染の防止、省エネルギーの推進のため、ボイラー・圧力容器についての調査研究、検査検定、講習・相談、広報・出版、技術交流の場の提供、品質マネジメントシステムの審査・登録、発電設備の安全管理審査などを行っている。

〒105-0004 東京都港区新橋5丁目3番1号
電話：03-5473-4500(代)
FAX：03-5473-4520
URL：http://www.jbanet.or.jp

●著者紹介

## 安田克彦（やすだ・かつひこ）

●略歴
1944年　神戸市生まれ
1968年　職業訓練大学校溶接科卒業後同校助手
1988年　東京工業大学より工学博士
1990年　技術士(金属)資格取得
1991年　職業能力開発総合大学校教授
2002年　IIW・IWE資格取得
2005年　溶接学会フェロー
2010年　高付加価値溶接研究所長

●主な著書
・「わかる! 使える! 溶接入門」(日刊工業新聞社)
・「目で見てわかる 良い溶接・悪い溶接の見分け方」(日刊工業新聞社)
・「目で見てわかる溶接作業」(日刊工業新聞社)
・「続・目で見てわかる溶接作業 ―スキルアップ編―」(日刊工業新聞社)
・「「現場溶接」品質向上の極意」(日刊工業新聞社)
・「絵とき『溶接』基礎のきそ」(日刊工業新聞社)
・「トコトンやさしい溶接の本」(日刊工業新聞社)
・「トコトンやさしい板金の本」(日刊工業新聞社)
・「技術大全シリーズ 板金加工大全」共著、(日刊工業新聞社)
など多数

## 指宿宏文（いぶすき・ひろふみ）

●略歴
1996年　職業能力開発総合大学校 産業機械工学科卒業
1996年　岐阜職業能力開発促進センター金属系指導員
2000年　埼玉職業能力開発促進センター機械系指導員
2011年　石川職業能力開発促進センター機械系指導員
2015年　関東職業能力開発促進センター居住系指導員
現在に至る